KB029687

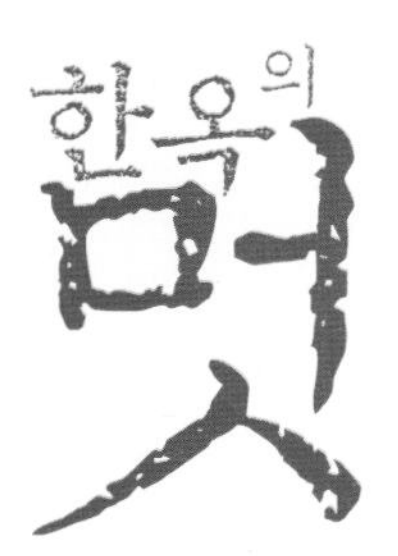
한옥의
멋

한옥에빠지다

한옥의 멋

초판 발행, 2012년 01월 10일
3판 발행, 2017년 10월 10일

저자, 신광철

발행인, 이인구
편집인, 손정미
사진, 이규열, 변종석
디자인, 최혜진

출력, (주)삼보프로세스
종이, 영은페이퍼(주)
인쇄, 영프린팅
제본, 신안제책사

펴낸곳, 한문화사
주소, 경기도 고양시 일산서구 강선로 9, 1906-2502
전화, 070-8269-0860
팩스, 031-913-0867
전자우편, hanok21@naver.com
등록번호, 제410-2010-000002호

ISBN, 978-89-94997-17-9 03540

가격, 23,000원

한 옥 에 빠 지 다

●

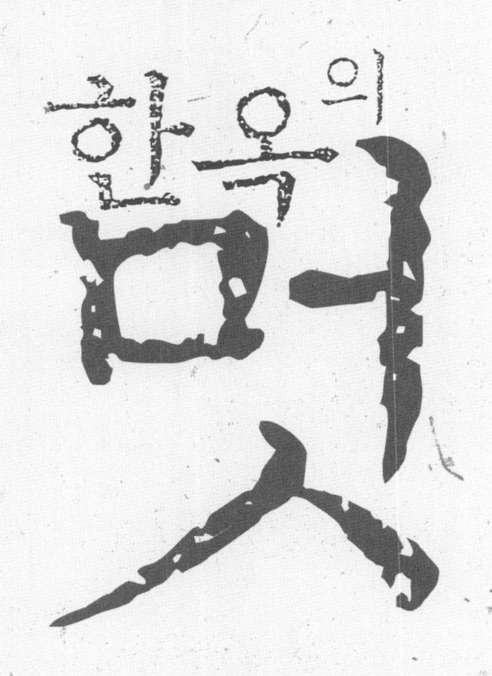

한문화사

차례

한 옥 에 빠 지 다

한옥의 멋

3
우주의 울림을 일깨우는 한옥

4
한옥은 과학이다.

5
한옥의 아름다움

들어가는 말

극단을 끌어안은 상생의 건축물, 한옥

●

다가가면 너그럽고 살아보면 여유로운 한옥. 우리에겐 그리움이 담뿍 담긴 집이고 고향의 품 같은 아늑한 집이다. 한옥의 속내를 가만히 들여다보면 매력이 넘치는 집이다. 한발 한발 걸을 때마다 달라지는 풍경 하며 문얼굴에 가득 찬 풍경의 아름다움 등, 한옥이 지닌 남다른 특성을 알게 되면 한옥이 위대한 집이었구나, 한옥이 이래서 아름다웠구나, 하는 것을 깨닫게 된다. 한옥은 우리와 천 년 이상을 함께 했다. 강화 전등사, 경주 불국사, 영주 부석사, 안동 봉정사, 예산 수덕사 같은 절은 천 년의 역사를 간직한 한옥이다. 개보수하고 변화했지만, 근본적인 틀은 그대로 간직하고 있는 한옥이다. 우리 몸에 맞는 철학을 입고 우리의 생각이 깊이 각인된 집이다.

넓은 의미의 한옥은 한국 땅에 지어지고 한민족과 함께 생성되고 발전해온 집으로 서민 집이나 사대부 집, 절, 그리고 궁궐까지를 통틀어 말한다. 하지만, 사대부 집으로 기와집 형태의 한옥을 주로 다루었다. 기와집으로 조선의 사대부 집을 정형으로 삼은 것은 구조적인 특징과 한국적인 정서 그리고 사상을 가장 많이 담은 집이기 때문이다. 인문학적으로나 문화사적인 의미에서 드러내놓고 이야기하기에 적당하기 때문이다.

1, 논산 명재고택. 구조적인 특징과 한국적인 정서 그리고 사상을 가장 많이 담고 있는 사대부 집의 정형으로 ㄷ자형의 안채, 사랑채, 행랑채가 연결되어 있어 ㅁ자형의 구조를 갖추고 있다.

2, 영주 부석사 무량수전無量壽殿. 676년(신라 문무왕 16년) 의상義湘이 왕명을 받들어 창건하고, 1016년(고려 현종 7년)에 원융국사가 무량수전을 중창하였고 1376년(고려 우왕 2년)에 원응국사가 다시 중수하고, 이듬해 조사당祖師堂을 재건하였다.

●

한옥은 더운 나라에서 사용하고 있는 남방문화인 마루와 추운 나라에서 사용하고 있는 북방문화의 온돌이 만나 이룩한 인문학적인 면에서도 독특한 양식을 가진 건축물이다. 세계 어느 나라에도 온돌과 마루를 하나의 공간에 끌어들여 조화롭게 이용하고 있는 건축물은 없다. 우리만의 특별한 면이기도 하고 서로 극단에 있는 것을 상생과 공존으로 이끌어낸 문화사적인 의미이기도 하다.

한옥은 다른 생각과 철학을 능청스럽게 받아들여 용광로처럼 융합하여 한옥의 독창성을 만들어냈다. 한옥은 극단의 문화와 사상을 끌어안은 화합의 공간이며 창조성을 가진 집이다. 그뿐만 아니라, 우리만의 독창적인 집으로서의 기능을 다하면서 미학적인 면에서도 뛰어난 건축양식이다. 한옥은 이미 천 년 그 이전에 완성된 건축술과 미학을 이룩해 놓았고 완성된 형태의 가옥구조를 가졌다. 또한, 이 시대에 필요한 과학화와 표준화의 실마리를 가진 집으로 대중화 방법을 찾아내기에도 적합한 건축공법이다. 한옥의 가구구조架構構造는 과학적인 공법으로 정확하게 축조해가는 짜맞춤식 건축기법이다. 치밀하게 치목하고 중량이나 균형으로 빈틈없이 물리적인 힘의 원리를 이용해 건축물을 완성한다. 이런 과학적인 측면과 더불어 한옥은 자연주의를 받아들였다. 천연덕스럽게 주위에서 구할 수 있는 자연석을 가공하지 않고 그대로 쓰기도 한다. 한옥은 과학에 근거한 집이면서 미학적인 면뿐만이 아니라 도학적인 면까지 건축술에 도입하고 있다. 자연주의를 조선 후기에서 찾으려는 사람들도 있지만, 이미 신라와 고려의 건축물에서 한국인 특유의 자연주의를 찾을 수 있다.

1/ 안동 병산서원. 대청은 보통 우물마루로 하고 뒷벽은 우리판문으로 한다. 비어 있는 앞마당이 달구어지면 우리판문을 열어 뒤뜰의 시원한 바람이 대청을 거쳐 순환이 이루어지는 구조이다.
2/ 안동 수애당. 함실아궁이로 부뚜막이나 부넘기 없이 구들장에 직접 불길이 닿기 때문에 비교적 적은 땔감으로 빨리 방을 데울 수 있다.
3/ 남한산성 김태식가옥. 바닥 밑으로 수조를 만들었다. 세살청판문과 광창이 비쳐 마치 호수같은 느낌이다.
4/ 산청 단계마을 권씨고가. 숫대살 미닫이문, 빗살과 만살 광창의 한지를 거쳐 들어오는 빛이 밝다. 유리가 발명되기 전에는 한옥은 세계에서 가장 밝은 집이었다.
5/ 안동 봉정사 극락전. 정면 3칸, 측면 4칸 크기의 맞배지붕 주심포 양식으로 통일신라시대 건축양식을 본받고 있다. 봉정사는 682년(신라 신문왕 2년) 의상대사가 지었다고 한다. 1972년 보수공사 때 1363년(고려 공민왕 12년)에 지붕을 크게 수리하였다는 기록이 담긴 상량문을 발견하였는데, 우리 전통 목조건물은 신축 후 지붕을 크게 수리하기까지 통상적으로 100~150년이 지나야 하므로 건립연대를 1200년대 초까지 올려다볼 수 있어 우리나라에서 가장 오래된 목조건물로 보고 있다.

●

자연과 친화적인 면은 여러 곳에서 보인다. 불국사의 전면 석축을 보면 흔히 구할 수 있는 자연석과 잘 다듬은 가구식 장대석이 만나 절묘한 조화를 만들어내고 있다. 불국사는 인위와 무위가 조화롭게 만나 더욱 아름답다. 사람은 자연이며 자연은 사람으로 말미암아 더 아름다워지는 현장을 한옥에서 만날 수 있다.

한옥은 한국인의 심성과 기질을 닮고 한국인이 사는 산과 들과 물을 닮았다. 천 년의 역사를 체화한 한옥은 역사성과 더불어 우리만의 독특함을 내재화했다. 그래서 산의 곡선과 물의 흐름을 받아들인 한옥의 선과 풍요로운 들판의 마음이 담긴 것이 한옥이다. 어디에 내어 놓아도 자랑스러운 건축물이다. 과학적이면서도 인본이라는 더 큰 세상을 품은 큰 끌어안음의 건축이다.

마당을 두어 자연과 소통하도록 했다. 한옥은 독립된 건물, 즉 채별로 지어져 마당을 통하여 완성되도록 한 집이다. 마당을 마련하여 하늘의 마음을 들이고 잔치와 노동의 공간으로 만들었다. 경사스러운 일이나 슬픈 일을 치르는 공동체의 장으로 이용했다. 마당은 빈 곳이 아니라 완성을 위하여 비워둔 소통의 공간이다. 한옥이 어둡다고 하지만 유리가 발명되기 전에는 세계에서 가장 밝은 집이었다. 해와 달의 순환을 자연스럽게 바라볼 수 있는 집이 한옥이다.

한옥에서 매우 특징적인 면은 부분을 허물어 전체의 화합을 이루는 공법이다. 이는 세상을 크게 읽는 안목이 없으면 이루어낼 수 없는 건축술이다. 장인의 예사롭지 않은 능력이 아니고서는 이루어낼 수 없는 공법이다. 중동에서 발원해 그리스·로마의 건물에 이용되고 우리의 부석사 무량수전 같은 건물에도 도입된 배흘림기둥을 들 수 있다.

1/ 안동 하회마을. 낙동강 상류가 큰 S자로 마을을 휘돌아 간다고 해서 하회河回다.
하회마을은 사대부 집과 서민집들이 공존하는 한국의 전통 마을이다.

2/ 경주 양동마을. 양동마을은 4개의 마을로 이루어진 큰 전통 마을이다.
양반집 한 채에 노비들의 집이 4,5채가 어우러져 있으나 이제는 구분이 없어졌다.

3/ 경주 불국사. 불국사의 전면 석축을 보면 흔히 구할 수 있는 자연석과 잘 다듬은 가구식 장대석이 만나 절묘하게 조화를 이룬 혼합식기단이다. 인위와 무위가 조화롭게 만나 더욱 아름답다.

4/ 제주 성읍마을 한봉일가옥. 마당을 중심으로 안채(안거리)와 바깥채(밖거리) 그리고 대문간(이문간)채로 구성된 제주 전통가옥이다.
제주도는 바람이 많이 불고 자원이 부족해 평면 구성이 단순하고 소박하나 단순함의 미학적인 깊이는 오히려 깊다.

1/
2/
3/
4/

同春堂

●

배흘림기둥은 멀리서 보았을 때 가운데 부분이 가늘고 끊어져 보이는 착시현상을 교정하기 위한 공법인데 우리에게는 이보다 더 많은 부분에서 이러한 공법을 만들어냈고 한옥에 재현해 놓았다. 지붕의 처마곡이 멀리서 보면 양쪽 끝이 처져 보인다. 이를 바로잡기 위하여 '앙곡'이나 '안허리곡', '귀솟음', '안쏠림' 같은 공법을 만들어냈다. 우리에게는 이처럼 깊이 있는 과학적인 원리와 치밀한 건축술이 있었다. 이미 천 년 전에 이러한 기법을 수용하고 적극적으로 이용했다.

한옥은 가구구조架構構造로 과학적이면서도 마음의 그림자인 서정과 낭만을 곳곳에 들여 자연과 호흡하게 한 집이다. 한옥을 알면 알수록 매력에 빠진다. 느슨한 듯하면서 치밀하고, 완벽을 지향하면서도 비워두는 여유를 가진 집이다. 한옥은 완벽의 일부분을 허물어버림으로써 사람의 오만에 일침을 가한다.

독립적으로 아름답고 풍경으로도 아름다운 집!

한옥은 이 땅에서 천 년이 넘는 세월을 존재해왔고 앞으로도 우리와 운명을 함께할 건축물이다. 한옥에 대한 글을 쓰면서 행복했다. 『한옥마을』, 『전통소형한옥』, 『한옥설계집』에 이어서 『우리집이 한옥이면 좋겠다』, 『신한옥』, 『한옥의 열린공간』이 나와 총 6권의 한옥시리즈가 되었다. 『한옥의 멋』은 한옥시리즈의 종합편이다. 한옥을 알면 한민족의 마음이 보이고 한옥을 알면 그 속에서 한국인인 나 자신의 모습을 깨닫게 될 것이다.

파주 통일동산에서 신광철

1/ **앙곡** 대전 동춘당. 한옥의 처마 곡선은 입면에서 볼 때 양쪽 추녀 쪽이 치켜 올라간 것을 말한다. 긴 처마와 기와 때문에 육중해 보이는 지붕의 무게감을 줄이고 날렵하게 보이게 하는 고도의 건축기법이다.

2/ **안허리곡** 국민대 명원민속관. 지붕 위에서 내려다볼 때 추녀 쪽이 길게 되어 중심 부분이 안으로 휘어 들어간 부분이 안허리곡이다.

3/ **배흘림기둥** 영주 부석사. 멀리서 보면 기둥의 중간이 가늘게 보여 불안정해 보인다. 이를 막기 위해 가운데 부분을 배부르게 만들었다.

4/ **귀솟음과 안쏠림** 창덕궁 연경당. 바깥쪽에 있는 기둥을 안쪽의 기둥보다 높게 만들어서 중앙에서 바라볼 때 멀리 있는 지붕의 양 끝이 쳐져 보이는 착시를 줄이는 귀솟음과 건물이 벌어져 보이지 않도록 기둥의 윗부분을 중앙 쪽으로 쏠리게 하는 안쏠림을 했다.

5/ **배흘림기둥** 강릉 객사문. 규모는 정면이 3칸, 측면 2칸으로 단층 맞배지붕 주심포柱心包로 기둥의 앞·뒷줄이 배흘림기둥이고 가운데 줄은 사각기둥으로 여기에 각각 문을 다는 장치를 마련하였다.

佛

1

상생의 한옥

1.1 사람을 배려하고 자연을 닮은 집: 강릉 선교장, 구례 운조루, 경주 최부잣집 1.2 북방문화인 온돌과 남방문화인 마루의 만남: 구들과 마루 1.3 사람의 온기를 이해한 난방: 온돌, 아궁이, 굴뚝 1.4 채와 채가 조화를 이룬 한옥: 여백의 미, 문의 종류, 안채, 사랑채 1.5 한옥의 여유와 소통의 공간: 마당

1/ 1

사람을 배려하고 자연을 닮은 집

강릉 선교장, 구례 운조루, 경주 최부잣집

한옥은 자연의 집이다.
자연의 바람과 사람의 온기가 만나는 소통의 공간이다.
또한, 인위와 무위가 무한 소통하는 장소이기도 하다.
아름다운 자연 만큼 사람 또한 아름다워지는 공간이 한옥이다.

–

왼쪽/ **뒤주** 구례 운조루. 중문간에 곡식이 닷 섬 들어가는 커다란 200년 된 뒤주가 있다. 곡식을 꺼낼 수 있는 구멍을 만들어 그 위에 외부인만이 이 쌀독을 열 수 있다는 뜻의 '타인능해他人能解'라 적어 두었다. 이웃의 가난한 사람들이 언제든지 곡식을 먹을 만큼 꺼내 가라는 뜻이다. 뒤주를 주인이 안 보이는 헛간에 놓도록 하여 얻으러 오는 사람을 배려했다.
오른쪽/ **머름** 봉화 남호구택. 머름은 주인이 방안에 앉아 편안하게 밖을 내다보며 팔을 올려 놓을 수 있는 높이로 하는 것이 가장 바람직하다.

南湖

● 한옥은 나무, 흙, 돌 등 유해 화학물질이 없는 친환경 재료로 지어진다. 각종 화학물질의 독소로 인한 새집증후군이나 아토피 등 여러 가지 피부질환을 유발하는 아파트보다 훨씬 쾌적한 공간이다. 한옥의 천연소재는 우리의 신체를 건강하게 순환시키는 힘을 지니고 있다. 황토벽은 자동으로 습기와 열을 조절해주고 기단은 땅에서 올라오는 습기를 막아 쾌적한 공기를 유지해 준다. 한옥에 내재한 자연주의 사상은 인간을 자연의 일부로 인식하고 자연과의 공존을 추구하는 것이라고 할 수 있다. 인간 생활에 가장 밀접한 영향을 미치는 주택 분야에서 자연주의 경향이 강하게 나타나는데, 특히 한옥은 흙과 나무로 지어져 자연과 함께 숨 쉬는 집으로 사람의 몸과 마음을 편안하게 해주는 건강한 삶의 공간이다.

한옥에서 머름의 높이는 집주인의 권위를 의미한다. 머름의 높이는 마당에 서 있는 사람과 방에 앉아 있는 주인이 밖을 내다보며 편안하게 서로 시선을 마주할 수 있는 높이로 하는 것이 바람직하다. 내려다보는 하대도 아니고 올려다봐야 하는 우러름도 아닌 시선과 시선이 평행선에서 만나는 높이가 적당하다. 주인이 권위적이면 집터에 기단을 높이 쌓아 내려다볼 수 있도록 하고, 겸양을 갖춘 주인이라면 단을 낮추어 편안하게 손님을 맞을 수 있는 높이를 선택했다.

한옥에서 권위를 보이려는 방법으로 기단을 높이거나 원형기둥을 사용하고, 안채나 사랑채를 높게 짓고, 익공을 하고, 집의 규모를 늘리는 방법들을 선택했다. 이러한 방법은 모두 조선조에서 법으로 금했던 내용이다. 집은 주인을 닮는다. 주인을 닮은 집이 지어지나 한옥이 가지는 품위와 질서는 유지되어야 한다. 한옥의 아름다움은 권위를 내세우려는 것에서 비롯되는 것이 아니라, 인본의 바탕 위에 인문학적인 철학을 얼마나 잘 적용시키는가에 달렸다. 사랑채는 크고 안채가 작으면 남자의 권위를 내세우는 집처럼 보이고, 집이 크고 마당이 작으면 옹졸해 보인다. 부분에 집착하지 않고 전체를 아우르는 안목과 철학이 필요하다.

1/ 강릉 선교장. 집은 주인의 철학과 사상을 닮는다. 배려와 베풂을 실천한 집은 구조도 다르다. 선교장의 특징 중 하나는 행랑채가 무려 23칸이나 된다. 행랑채의 수만 보더라도 당시로써는 엄청난 규모의 집이었고 여행객과 업무수행을 위해 오가는 사람들의 거처 역할을 충실하게 수행하기 위한 온기가 어려 있는 집이다.

2/ 강릉 선교장. 우리나라에서 가장 아름다운 한옥으로 뽑히기도 했던 선교장은 금강송의 푸름과 앞에 멀리 펼쳐진 경포호수의 풍광과 어우러져 더욱 아름답게 보인다. 선교장船橋莊이란 이름은 특별하다. 배다리라는 뜻을 가진 선교도 그렇지만 집 이름에 장을 붙인 것도 특별하다. 경포호에서 집까지 배로 다리를 놓아 출입하였다는 데서 유래하였고, 장은 개인 집이 아니라 이곳을 지나는 사람들이 묵고 쉬어갈 수 있는 집이라는 의미를 담고 있다.

무엇보다 약자를 배려한 마음이 엿보여 더욱 아름다운 한옥이다. 강릉 선교장은 본채만 120칸이고 열화당을 비롯한 부속건물이 170칸 정도로 합하면 모두 300칸에 가까운 한옥이다. 본채 옆에는 갓 결혼한 며느리가 머무는 장소가 있다. 집안 풍속을 배우는 곳이기도 하지만 집안사람들에 휘둘리는 것을 예방하기 위해 배려한 장소이다. 그리고 선교장에서는 여성공간인 안채가 당당하고 높게 설치되어 있다. 당대에는 약자였던 여성을 배려한 흔적을 읽을 수 있다.

집이 아무리 크고 아름다워도 그 안에 사는 사람의 마음이 곱지 못하면 살아 있는 집으로서의 기능을 다하지 못한다. 가장 아름다운 한옥은 그 안에 사는 사람의 마음이 아름다운 집이다. 지리산 자락에 퇴락한 가옥 운조루가 있다. 조선 영조 때 삼수부사를 지낸 유이주가 지은 집이다. 운조루에는 곳간채 앞에 뒤주 하나가 놓여 있다. '타인능해他人能解'라는 글씨가 새겨져 있다. 직역하면 주인이 아닌 '타인이 편하게 열 수 있다.'라는 뜻이다. 먹을 것이 없는 사람이라면 누구라도 뒤주를 열 수 있다는 뜻이다. 가난한 사람 누구라도 쌀을 마음껏 퍼갈 수 있는 뒤주다. 주인의 얼굴을 대면하지 않고 편안하게 쌀을 가져가도록 뒤주를 일부러 곳간채 앞에 마련해두었다. 이 또한 타인에 대한 배려이다. 운조루는 한 해 200가마 정도의 쌀을 수확했는데, 이 뒤주에서 나가는 쌀이 36가마 정도나 되었다. 매달 그믐이 되면 뒤주가 비어 있어야 하는데 어쩌다 쌀이 남으면 혹시 덕이 모자라 사람들이 쌀을 퍼가지 않았나 생각하고 오히려 부끄러워하였다. 운조루의 또 다른 특징은 높이가 1m도 안 되는 아주 낮은 굴뚝이다. 밥 짓는 연기가 지붕 위로 펑펑 올라가 배고픈 이들의 마음을 아프게 할까 염려한 배려였다.

경주 최부잣집도 베풂을 아끼지 않은 명가이다. 최부잣집 사랑채는 100명을 동시에 수용할 수 있는 대규모였고, 1년 소작 수입의 3분의 1인 쌀 1천 석을 과객들의 음식 대접에 사용했다. 과객들이 묵고 가는 사랑채에는 별도의 뒤주를 두어 누구든지 쌀을 가져가 다음 목적지까지 노자로 사용할 수 있도록 배려했다. 입구를 좁게 해서 한 사람이 지나치게 많은 양의 쌀을 가져가지 못하도록 했다. 과욕을 금하려는 의도였다. 그뿐만 아니라 사방 100리 안에 굶어 죽는 사람이 없도록 배려했다. 이렇듯 한옥은 그 자체만으로도 아름다우나 그 안에 사는 사람이 마음이 고우니 더욱 아름답다.

1/ 구례 운조루. 나눔의 뒤주로 유명한 운조루는 주인의 큰 마음이 돋보이는 조선 중기의 집이다. 영조 52년, 1776년에 삼수부사를 지낸 유이주가 지었다. 풍수지리설에 의하면 이곳은 산과 연못으로 둘러싸여 있어 금환락지金環落地 명당자리로 불린다. 집의 구성은 총 55칸의 기와집으로 사랑채, 안채, 행랑채, 사당으로 구성되어 있다.

2/ **사랑채** 경주 최부잣집. 동시에 100명을 수용할 수 있는 규모로 1년 소작 수입의 3분의 1을 과객을 대접하는 데 사용했다.

● 집은 사람이 머무는 공간이다. 사람을 위한 공간이라는 인식이 바탕이 되어야만 완전한 집이다. 현대가옥은 편안하게 앉아 밖을 내다보기에는 창턱이 너무 높아 밖의 풍경을 바라볼 수 있는 공간이 적다. 반면 턱이 전혀 없는 아파트는 실내의 사생활까지 훤하게 들여다보이는 결점이 있다.

잘 지은 집은 주인의 능력과 장인의 능력이 7 : 3이라고 한다. 집의 가상은 주인의 마음을 절대적으로 닮는다. 그러므로 주인의 안목이 필요한 것은 결국 주인을 닮은 집이 지어지기 때문이다. 목수의 안목이 아무리 뛰어나도 주인의 마음이 편협하고 각박하면 가상도 주인을 닮아 편협하고 각박하게 지어진다. 폐쇄적인 성격의 소유자는 닫힌 집을 짓고 개방적인 사람은 열려 있는 집을 짓는다. 사람이 집을 짓지만 집을 완성하고 나면 사람이 집의 영향을 받는다. 마찬가지 원리로 자연에서 태어난 사람은 자연에 영향을 끼치며 사는 동시에 자연의 영향을 받기도 한다.

한옥은 자연을 닮은 집이다. 한옥은 땅의 평면 위에 바로 짓지 않고 흙을 돋우어 만든 기단(댓돌) 위에 짓는다. 한옥은 구들을 들여 난방하기 때문에 물의 피해를 입으면 어려움을 당한다. 특히 비가 많은 장마철에 구들로 물이 들어가면 말리기에 여간 성가신 게 아니다. 기단은 집을 높여주는 역할을 하는데 기단을 높임으로써 불을 피우는 아궁이도 높일 수 있어 물로부터 피해를 줄일 수 있다. 또한, 기단이 높으면 시야가 트여 시원하고 겨울에는 햇볕을 받아들이는 데 도움이 된다. 댓돌은 한옥의 아름다움 중 하나이다. 댓돌의 재료로 쓰는 막돌이나 냇돌은 청량감이 들 정도로 자연스러운 정취가 묻어 있다. 가을이면 곶감 만들 감을 까서 매달고, 겨울을 나기 위해 시래기를 걸어놓은 풍경은 댓돌과 함께 어우러져 그 마음마저 풍성해진다. 이러한 풍경은 사람이 자연 속에 순응하며 살고 있음을 한결 가깝게 느낄 수 있다. 또한, 한옥은 자연 일부를 집안으로 들이려는 시도를 많이 하고 있다. 누마루는 마치 언덕에 오른 기분을 누릴 수 있는 구조요, 후원은 중국과 일본에는 없는 문화이다. 산이 많은 나라여서이기도 하고 자연과의 친화를 체화한 민족성에 기인한 것이기도 하다.

1/ 경주 최부잣집. 300년을 이어온 부에는 철학이 뒷받침이 되었다. 첫째, 과거를 보되 진사 이상은 하지 마라. 둘째, 재산은 만석 이상 모으지 마라. 셋째, 과객을 후하게 대접하라. 넷째, 흉년에는 남의 논밭을 사들이지 마라. 다섯째, 최씨 가문 며느리들은 시집온 후 3년 동안 무명옷을 입어라. 여섯째, 사방 백 리 안에 굶어 죽는 사람이 없게 하라. 이를 차근차근 곱씹어보면 최부잣집의 삶의 철학과 향기가 배어 있다.

2/ **기단** 영덕 갈암종택. 한옥은 흙을 돋우어 그 위에 짓는데 돋은 부분을 기단이라 한다. 기단은 지면으로부터 집을 높여주는 역할을 한다.

3/ **안채** 경주 최부잣집. 10대 300여 년에 걸쳐 만석꾼 부자의 기틀을 세운 것은 경주 이조리 마을에서 살았던 최치원의 17세손인 병자호란 때의 영웅 최진립 장군 때부터였다. 그의 아들 최동량은 개간사업으로 부를 늘렸다. 300년 이상 이어지는 부와 가문의 전통이 확립되었다. 절제와 나눔의 산물이었다.

1/

2/

3/

● 집안에서 냇가의 정취와 하늘을 드리운 호수를 감상할 수 있는 곳이 연못이다. 일반적으로 연못은 흐르는 물을 집안으로 끌어들여 만들지만, 창덕궁의 부용정처럼 샘이 솟는 발원지에 연못을 만들기도 한다. 전통 연못은 하늘은 둥글고 땅은 네모나다는 천원지방天圓地方의 원리에 의하여, 연못의 외곽은 사각형으로 하고 연못 안의 섬은 둥글게 만들어 소나무 등을 심는다. 전통한옥에서 구릉지를 이용해서 물을 끌어들여 만든 연못을 감상할 수 있는 곳으로는 정자가 일반적이지만, 집 안에서의 감상 처로는 사랑채의 누마루가 좋다. 또한, 구릉지의 경사를 이용하여 그대로 위에서 내려다보며 감상할 수도 있다.

흐르는 물을 잘 다스려 화합을 이룬 마을이 있다. 아산 외암마을은 두 개의 특징이 있는 마을인데 하나는 돌담이 아름답고 또 하나는 물을 잘 이용한 마을이다. 산에서 흘러오는 물을 마을로 끌어들여 집집마다 거쳐 흐르게 하였다. 다른 마을에서는 볼 수 없는 독특한 방법이다. 담에는 물의 양을 조절하거나 막을 수 있도록 물막이가 만들어져 있다. 무엇보다 서로의 이해와 배려심이 없으면 쉽게 이용할 수 있는 방법이 아니다. 윗물을 맑게 사용해야 아랫물도 사용할 수 있기 때문이다. 참 아름다운 마을이 아닐 수 없다. 돌만으로 쌓아 올린 돌담이 만들어내는 곡선의 높낮이와 굴곡이 절묘하게 한옥과 어울려 더 아름다운 마을, 안으로 들어가면 물을 끌어안아 서로 정을 나누며 오손도손 살아가고 있는 한국적인 인심이 살아 있는 마을이다. 그래서 한옥은 사람과 사람, 사람과 자연이 상생하는 집이다.

한옥은 산에 기대어 있어 산을 닮고, 강을 끼고 있어 강을 닮았다. 세월이 흐를수록 자연 일부로 체화되며 부드러워지는 집이다. 세월의 흔적이 고스란히 남아 있어 집에 들어가면 오히려 아름답고 깊은 정감이 느껴진다. 파이고 굳어진 나무살이 오히려 곱다. 나무와 돌과 흙으로 만든 집과 하늘의 마음을 담은 마당이 만나 이루어진 공간, 사람 사는 공간이 바로 한옥이다. 한옥은 거친 듯 부드럽고, 숨은 듯 드러내는 접점에 서 있는 독특한 집이다. 한옥이 과학적이지만 구수한 것은 이러한 특질 때문이리라.

1/ 경복궁 향원정. 연못은 천원지방天圓地方 즉, 하늘은 둥글고 땅은 네모지다는 옛사람들의 우주관을 반영하여 네모난 연못 안에 둥근 섬을 만들어 그 안에 소나무 같은 나무를 심었다. 한옥의 연못은 누마루에서 내려다볼 수 있도록 배치하여 멀고 가까운 풍경들과 연못에 핀 연꽃의 감상을 즐겼다.
2/ 삼척 대이리 너와집. 댓돌의 재료로 막돌이나 냇돌을 쓰면 청량감이 들 정도로 자연스러움이 있다.
3/ 창덕궁 부용정. 샘이 솟는 발원지에 연못을 만들기도 한다.

1/2

북방문화인 온돌과 남방문화인 마루의 만남

구들과 마루

한국문화는 양 극단이 만나는 곳에서 태어난
특징을 가지고 있어 무한한 잠재력과 포용력이 있다.
한옥도 남방문화인 마루와 북방문화인
온돌이 만나 상생으로 만들어진 집이다.

왼쪽, **우물마루** 담양 소쇄원. 기둥사이에 장귀틀을 놓고 청판(마룻널)을 끼워 넣을 동귀틀을 놓아 우물정井자 모양이 되는 마루이다. 한옥에서만 보이는 독특한 형식이다.
오른쪽, **툇마루** 안동 병산서원. 툇간에 깔리는 마루이기 때문에 고주와 평주 사이에 놓인다.

● 한옥을 이야기하려면 먼저 한국인이 가진 성격을 이야기해야 한다. 한옥은 한국인의 정체성을 기반으로 하여 지어졌을 뿐만 아니라 한국인의 문화를 그대로 대변하고 있기에 더욱 그렇다. 한국인을 깊이 들여다보면 독특하고 명랑한 기질을 동시에 지닌 민족임을 발견하게 된다. 한 마디로 표현하기 어려운 극단과 극단의 만남이 어우러져 화합을 일구어내는 민족이다.

외국인들이 보는 한국인에 대한 첫 평가는 조급성이다. 하지만 한국인의 부지런함은 이 조급성의 "빨리빨리"에서 나타난다. 또한, 부지런함으로 표현되기도 하는 조급한 성격의 다른 면에는 흔히 한국인의 기질로 이야기하는 은근과 끈기도 있다. 조급성과 은근 또는 조급성과 끈기는 전혀 다른 성격이다. 아이러니하게 서로 대비되는 두 요소가 한국인의 특성이라고 말한다. 이뿐이 아니다. '한恨'의 민족이라고 하면서 '흥興'을 아는 민족이라고 한다. '한'과 '흥'은 대비되는 정서이며 감정상태이다. 한은 상시 억울하고 원통하고 원망스러운 감정을 말한다. 사전적 정의에는 목, 가슴의 덩어리, 가슴 답답함, 얼굴의 열기, 가슴 속의 치밀어 오름, 몸의 열기, 한숨 같은 한국인 특유의 신체화 증상이라고 보고하고 있다. 한은 부정적인 요소가 강한 정서지만 흥은 반대이다. 흥은 일어나는 충천의 의미가 있다. 어깨가 절로 들썩이며 세상과 함께 춤을 추고 웃을 수 있는 신명을 말하는 긍정적인 요소이다. 색에서도 대비되기는 마찬가지이다. 한의 문화는 백의민족으로 상징되는 한국인의 대표적인 옷인 하얀 소복이다. 이에 대비되는 색은 설날이나 추석 명절에 입었던 색동저고리이다. 원색을 이어서 만든 색동저고리는 우리가 좋은 날에 입었던 옷이다. 그리고 모든 관복은 원색으로 만들어져 있다. 두 가지도 마찬가지로 우리가 우리 자신을 평하는 요소들이다. 이러한 요소들은 한민족 안에 두 가지의 정서가 나란히 공존하고 있음을 말한다. 우리의 민족성을 상반된 요소로 얘기하거나 복잡한 민족성의 표현이기도 하다. 한민족의 특성은 한 마디로 이야기하기 어렵다는 방증이다.

1/ 북촌 청원산방. 남방문화의 산물인 마루와 북방문화의 산물인 온돌이 하나의 공간에서 만났다.
2/ 남산 한옥마을. 마루는 더운 나라의 남방문화방식이고 온돌은 추운 나라의 북방문화방식인데 극단의 요소가 만나 하나의 공간에서 서로 상생하듯 존재하고 있다.
3/ **구들** 국민대 명원민속관. 뜨끈하게 달구어진 구들방의 아랫목은 노동에 지친 몸을 풀어주던 낭만이 있다.

1/ 2 북방문화인 온돌과 남방문화인 마루의 만남: 구들과 마루

어찌 되었든 세상에 대한 원망으로 한의 정서가 있고 세상에 대해 넘치는 즐거움인 흥의 문화가 공존하고 있다. 한국인의 집, 한옥이 그렇다. 가장 인위적인 집이 자연적인 무위에 발을 담그고 있는 것이 한옥이다. 인공적인 집에 자연성을 이토록 많이 들여놓은 집은 다른 나라에서는 보기 어려운 특질이다. 극단과 극단이 만나는 장소로 한옥을 이야기하고 싶다. '빨리빨리와 은근, 끈기', '한과 흥', '인위와 무위'라는 대비되는 요소가 너무나 자연스럽게 만나는 장소가 바로 한옥이다. 종교적으로도 그렇다. 홀로 일어서는 것을 가르치는 불교와 반대로 신에게 기대는 법을 말하는 기독교도 상반된 성격의 종교다. 다름을 마음 안에 다 같이 들여 용광로처럼 녹여서 하나의 특성을 만들어내는 문화적 특질이 있다.

한옥에는 문명사적으로도 보기 드문 예가 몇 가지가 있다. 한옥은 남방문화와 북방문화가 만나 화합을 이룬 집이다. 남방문화의 산물인 마루와 북방문화의 산물인 온돌이 하나의 공간에서 만난다. 우리의 한옥에는 온돌과 마루가 함께 있다. 다른 나라에는 없는 온돌과 마루의 공존이다. 이웃 나라인 중국이나 일본에도 없는 우리만의 독자적인 집의 특별함이다. 물론 중국이나 일본에도 온돌의 한 형식으로 쪽구들이 있지만, 방의 한 부분을 온돌로 만든 쪽구들과 방 전체를 온돌로 만든 우리의 온돌과는 분명히 차이가 있다.

문화사적으로나 인류사적으로도 유례가 없는 일이다. 마루는 '높다'라는 뜻을 가진 바람을 받아들이는 문화이고, 온돌은 돌을 데워서 난방 하는 것으로 정주에 무게를 둔 문화다. 안채건 사랑채건 신분이 낮은 사람이 거처하는 행랑채에서도 마루와 온돌은 공존한다. 사람이 사는 곳에는 온돌이 있다. 가장 서구적이고 낭만과 여유를 잃어버린 아파트에서조차 온돌은 고스란히 살아 있다. 그만큼 한국인의 의식 속에는 온돌이 크게 자리하고 있다.

1/ 논산 명재고택. 숫대살 미닫이 영창과 세살 여닫이 사이로 은은한 빛이 콩댐한 장판에 비쳐 양명한 공간이 되었다.
2/ **장마루** 논산 명재고택. 폭이 좁고 긴 마룻널을 나란히 붙여 깔아 만든 마루로 이층마루, 누마루, 광, 다락 등에 쓰이고 쪽마루와 같이 좁은 마루를 만들 때도 많이 쓰인다. 중국이나 일본에서 많이 쓰이는 형식이다.
3/ **대청** 창덕궁 연경당. 안방과 건넌방 사이에 놓이는 큰 마루로 조상의 제사를 지내는 장소이기도 하기 때문에 비교적 넓게 만든다. 대개는 4칸 정도이고 크게는 6칸도 있다.

구들을 들이고 뜨끈하게 달군 아랫목에 누워 노동에 지친 몸을 지지며 쌓였던 피로를 풀어내던 낭만의 장소가 겨울공간인 방의 아랫목이다. 온돌도 처음 아파트가 들어설 때에는 없었지만, 필요에 의해 사람들이 개인별로 온돌을 설치하게 되자 이제는 처음부터 시공업자들의 몫이 되었다. 아파트문화에서는 마루가 사라졌다. 사랑채나 집의 앞뒤로 놓인 마루는 이미 구경하기 어렵다. 마당은 온데간데없다. 소슬바람이 대청을 거쳐 마루를 스쳐 지나가면 살아 있음이 문득 반가워지던 여유 공간이 마루다. 온돌과 마루가 만나 상생의 나눔을 하는 곳이 한옥이다. 한옥은 궂은 일도 마다치 않고, 싫어도 내색을 하지 않는 넉넉한 맏며느리처럼 다 끌어안는다.

마루는 덥고 습기가 많은 곳에서 살기에 좋은 주거형식이다. 뱀이나 야생동물로부터 보호하려는 방법이기도 하다. 학설에 따라 다르기는 하지만 집이라는 뜻의 가家는 돼지우리 위에 지어서 집 가家자에 돼지 돈豚자가 들어갔다고 하는 학설도 있다. 돼지우리 위에 집을 짓고 살았던 것은 우리나라 제주도만의 풍속이 아니라 중국과 일본이 포함된 동북아에서 흔히 있던 가옥형태였다. 그뿐만 아니라 세계적으로 널리 이용되던 방식이기도 하다.

한옥에서는 마루를 다양하게 발전시켰다. 온돌이 있는 방에 붙여 마루를 두고 모임공간이나 손님접대공간으로 사용하는 대청이 있다. 마루 중에서 가장 큰 공간이다. 대청은 실내공간과 외부로 연결되는 중간지대로 다시 마루를 연결해 마루의 확대를 꾀했다. 지붕의 처마부분에 마련된 툇마루와 쪽마루가 바로 그렇다.

중국의 건축물이 권력의 위용을 보여주기 위하여 거대한 규모로 지붕을 화려하게 지어 인위의 극대화를 꾀하는 반면, 일본은 작은 규모로 가구적인 요소를 가지고 자연에 묻히는 듯한 느낌을 받는다. 그러나 한옥은 두 나라의 양식과는 다른 면을 가지고 있다. 과장도 축소도 없으며 자연적인 면과 인위적인 면을 화합한 건축방식이다.

1/ **쪽마루** 경주 양동마을 향단. 동바리기둥을 사용해 받치며 보통 측면이나 뒷면에 창호가 있는 부분에 만든다.
2/ **대청** 안동 심원정사. 남방문화의 산물인 마루와 북방문화의 산물인 온돌이 만나 극단의 요소가 하나의 공간에 존재하고 있다.
3/ **쪽마루** 대전 동춘당. 평주 바깥쪽에 덧달아 만든 마루로 툇마루와 비교하면 폭이 좁아 장마루로 만드는 경우가 많다.

1, 2 북방문화인 온돌과 남방문화인 마루의 만남: 구들과 마루

1/

2/

3/

4/

● 온돌에 의한 난방 보급은 생각보다는 늦었던 듯싶다. 조선조 후기 이후에 궁중에서도 널리 사용했던 것으로 보인다. 조선왕조실록의 기록을 보면 부분적인 온돌 보급상황을 확인할 수 있다. 태종 17년, 1417년 윤5월 14일의 조선왕조실록에 당시 설립한 지 얼마 안 된 성균관의 유생 중 병을 앓는 이들을 위해 온돌방 하나를 만들도록 한 기록이 있다. 이로 볼 때 전면적으로 온돌방을 사용하지 않았음을 확인할 수 있다. 세종 7년, 1425년에는 성균관의 온돌을 5칸으로 늘리도록 하였으며 16세기가 되어서야 전부 온돌방이 되었다. 온돌방 이전에는 보통 침상을 사용하였으며 나무 마룻바닥이었다. 명종 18년, 1563년 2월 4일에 임금의 침실에서 화재사고가 있었는데 이때의 정황 설명 중에 임금의 침상에 작은 온돌구조를 만들어 자리를 덮었는데 이때 부주의로 돌을 잘못 놓아 불기가 침상에 닿아 불이 나는 사고가 있었다고 한다. 인조 2년, 1624년 3월 5일의 조선왕조실록 기록에는 광해군 때에 이미 사대부의 종들이 사는 방까지 모두 온돌인데, 나인들이 판방에서 지내는 것이 좋지 않다고 하여 나인들의 방도 온돌방으로 바꾸었다는 대목이 나오는 걸로 봐서 그때야 궁궐에 온돌의 보급이 완료되었음을 알 수 있다. 온돌은 백성이 먼저 사용하던 방식이었고 조선후기가 되어서야 궁중에서도 채용하였던 듯싶다.

이러한 역사적 기록의 정황으로 보아 온돌이 환자들에게 좋은 난방식이었음을 알 수 있다. 그만큼 친환경적이고 건강에 좋다는 것이다. 온돌 난방방식의 핵심은 구들이다. 취사하면서 동시에 난방할 수 있는 방식이며 적은 열량으로도 난방과 취사를 동시에 할 수 있는 장점이 있다.

왼쪽/ 경주 양동마을 서백당. 사랑방 내부 모습으로 방의 채광과 분위기는 낭만과 절제를 동시에 가지게 한다. 문을 열면 산하가 들어오고 문을 닫으면 부드러운 햇살이 아늑하다

온돌난방의 구조는 이렇다.

아궁이 - 불목(불고개, 부넘기) - 구들개자리 - 방고래 - 고래개자리 - 굴뚝개자리 - 굴뚝

아궁이는 불을 피워 열기를 발생시키는 장소면서 밥과 국을 끓이고, 소를 가족처럼 여기던 농경사회에서는 소가 먹을 소죽을 끓이기도 했다. 방의 크기나 집의 구조 등에 따라서 여러 개의 아궁이가 붙어서 하나의 구들로 연결되기도 하고, 하나의 아궁이에 여러 개의 구들이 연결되기도 한다. 작은 집은 취사를 위해 솥을 걸어놓은 부엌의 부뚜막과 하나로 되어 있고, 큰 집에는 각 방 또는 건물마다 따로 난방용 아궁이를 놓기도 한다. 불목은 불고개, 부넘기 또는 부넹기라고도 하며 아궁이에서 발생한 열기가 구들로 들어가게 하는 곳이다. 솥을 거는 부뚜막 벽면에서 시작해서 구들장 밑의 고래로 연결되는 열기의 통로이며 고래로 넘겨주는 턱진 공간이다. 아궁이의 세찬 화력이 제대로 빨려 들어갈 수 있도록 그 넓이와 높이를 잘 조절해서 만들어야 한다. 다음은 구들개자리이다. 구들개자리는 아궁이 안쪽에 오목하게 판 구덩이로 불이 머물다 가도록 한 곳으로 방의 아랫목에 해당하며 어른이 차지하는 자리이다. 아주 어린 아이를 제외하고는 아랫목에서부터 어른 순서로 잔다. 구들개자리는 공기와 열기의 혼합 장소이다. 고래는 불이 지나가는 통로로 그 위에 덮인 온돌 즉, 구들이 달구어지도록 하는 온돌의 중심적인 곳으로 방바닥이다. 그리고 개자리란 불기를 빨아들이고, 연기를 머무르게 하려고 방구들 윗목 쪽에 깊게 파 놓은 고랑으로 열기가 방바닥에 머물다가 외부로 배출되도록 하는 역할을 한다. 나무를 때고 나서 날리는 재와 불순물이 떨어져 쌓이도록 하는 역할도 한다. 때가 되면 재를 퍼내어 통로가 막히지 않도록 한다. 굴뚝개자리는 온돌과 굴뚝 사이에 오목한 구덩이를 파 온돌의 더운 기운을 좀 더 머물게 하고 반대로 굴뚝 쪽에서 찬 기운이 들어오는 것을 막는 곳으로 방의 윗목에 해당한다. 국제온돌학회 김준봉 회장의 발언에 귀를 기울여본다.

1/ **부엌** 국민대 명원민속관. 부뚜막 위에 쇠솥이 걸려 있다. 불을 넣는 곳을 아궁이라 하고 솥을 거는 부분을 부뚜막이라고 한다. 풍로도 보이고 찬장 위에는 환기와 채광을 위한 세로살 붙박이창이 설치되어 있다.

2/ **구들 만들기** 순서는 고래켜기 → 고막이, 시근담 만들기 → 불목 → 개자리 → 고래둑 쌓기 → 구들장 놓기 → 연도 연결 → 굴뚝 쌓기와 부뚜막 설치 순이다.

3/ **고래둑** 구들장을 올려놓기 위해 진흙이나 돌, 기와조각, 벽돌 등을 이용해 만드는 두둑

4/ **구들장** 굇돌이나 고래둑 위에 걸쳐 놓아 방바닥을 형성하는 넓고 얇은 돌판

5/ **온돌난방의 구조 단면도** 순서는 왼쪽부터 아궁이 → 불목(불고개, 부넘기) → 구들개자리 → 방고래 → 고래개자리 → 굴뚝개자리 → 굴뚝 순이다. 부뚜막의 솥에서 밥을 하고 남은 열이 부넘기를 넘어 들어가서 구들을 덥힌다. 남은 열기가 쉽게 빠지지 않도록 바람막이를 만들고 개자리를 지나가면서 재가 내려앉는다. 굴뚝을 통과한 연기가 코끝으로 스치면 잘 익은 개암 냄새 같기도 하고 나뭇잎 향기가 느껴지기도 한다.

1/

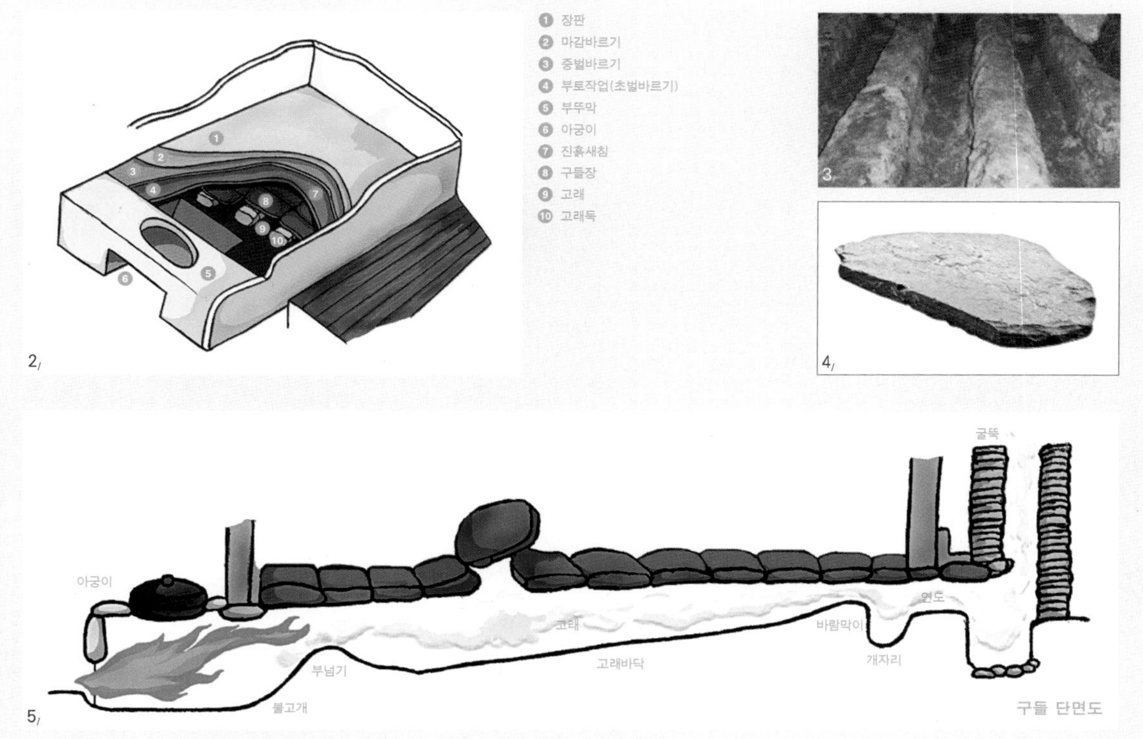
① 장판
② 마감바르기
③ 중벌바르기
④ 부토작업(초벌바르기)
⑤ 부뚜막
⑥ 아궁이
⑦ 진흙새침
⑧ 구들장
⑨ 고래
⑩ 고래둑
굴뚝
아궁이
연도
고래
바람막이
개자리
부넘기
고래바닥
불고개
구들 단면도

2/ 3/ 4/ 5/

중국 북방과 몽골에서도 구들 형태의 난방시설을 찾아볼 수 있지만 대체로 침대 넓이 정도의 '쪽구들'이다. 구들 개자리와 굴뚝개자리 등을 본격적으로 발전시킨 '온구들'은 한국 구들 문화에서만 찾아볼 수 있다.

여기서 온구들은 앞서 통구들이라고 한 것과 같은 의미이다. 개자리의 역할로 우리가 시골에서 밥 짓는 연기가 굴뚝을 통과해 연기가 코끝으로 스치면 나무 탄 냄새가 그윽하게 느껴진다. 잘 익은 개암 냄새 같기도 하고 나뭇잎 향기가 느껴지기도 한다. 그것은 개자리에서 연기를 잘 걸러주어서이다. 한옥에서 나무를 때면 냄새 때문에 걱정하는 사람이 있지만 기우에 불과하다. 우리의 선조는 경험에서 체득한 것들을 잘 이용해서 오히려 냄새가 구수하다.

'등 따시고 배부르면 정승·판서 부러울 게 없다.'라는 속담에서 보듯, 우리 조상은 온돌방의 가치를 높이 평가했다. 배불리 먹는 것과 함께 따뜻한 방에서 잘 수 있는 것이 만족한 삶의 기준이었다. 어린 시절을 시골에서 보낸 사람이라면 안다. 온몸이 뻐근하고 감기 증세가 있을 때 뜨끈뜨끈한 아랫목에 등을 지지고 나면 몸이 거뜬해지던 기억이 있다. 건강에 좋다는 기록이 있듯이 한민족의 온돌난방방식은 세계적으로 알려 보급해야 할 문화임이 틀림없다.

온돌이 난방문화의 으뜸이라고 주장하는데 거리낌이 없듯이 남방문화의 상징인 마루가 우리나라에 와서는 누마루로 완성된다. 극한의 대립이 아니라 극한의 상생을 만들어내고 있는 집이 우리의 정서이고 그 정서에서 탄생한 집이 한옥이다. 한옥이 가진 장점이 많지만, 단점도 있다. 단점을 두려워할 것이 아니라 보완하고 개선하면 된다. 우리 한옥은 분명히 특별한 점이 있는 집이다.

1/ **함실아궁이** 보성 문형식가옥. 툇마루를 한 단 높인 고상마루 밑에 바닥을 낮게 하고 함실아궁이를 설치했다.
2/ **아궁이** 담양 서하정. 고래에 불을 넣는 구멍으로 취사와 난방을 겸할 수 있게 하고 부뚜막이 넓어지고 길어지면서 오늘의 부엌으로 발전하였다.
3/ **아궁이** 예천 권씨종가별당. 중문 왼쪽에는 소여물을 끓이는 무쇠솥이 걸려 있고 위에는 환기를 위한 봉창이 보인다.
4/ **토축굴뚝** 상주 동학교당. 당시 교세의 영세성을 입증하듯 흙과 돌로 쌓은 토축굴뚝이다. 낮은 굴뚝으로 편안해 보인다.

환경과 건강이 삶을 이끌어가는 시대에 한옥은 우리에게 새로운 길을 안내하고 있다. 우리가 잊어버린 아름답고 건강한 문화를 외국인들이 먼저 알아보고 찾아오고 때로는 챙겨주고 있다. 내 아버지가 위대한 영웅이어서 사랑하는 것이 아니다. 내 자식이 다른 자식보다 나아서 사랑하는 것이 아니다. 그저 내 아버지이고 내 자식이기 때문이다. 못나도 내 아버지이고 내 어머니이듯이 못나도 내 자식이다. 마찬가지로 내가 태어난 나라의 문화를 모르면서 남의 나라 이야기를 해봐야 남 칭찬이 되고 내 모자람만 드러나게 된다. 우리가 가진 훌륭한 문화유산이 있음에도 그 내용을 모르면 나란 존재의 의미는 그 만큼 희석되고 정체성을 찾지 못하는 사람은 존립기반마저 취약해 질 수 있다.

세상에서 가장 먼저 사랑해야 할 대상은 당연히 나 자신이다. 나 자신을 사랑하지 못하는 사람이 남을 사랑하는 것은 위선이다. 거짓 사랑은 들키기 마련이다. 내가 사랑해야 할 나라도 내 나라이다. 대한민국! 우리나라가 뛰어나서가 아니라 내가 태어나고 자란 나라이기 때문이다. 그 속에 자부심을 느껴도 좋을 멋진 우리의 문화가 함께 공존하고 있으니 이 또한 자랑스럽지 않은가!

1/ **와편굴뚝** 합천 해인사. 굴뚝이 이처럼 아름다워도 될까 싶다. 굴뚝이 아니라 탑이다.
2/ **옹기굴뚝** 고성 왕곡마을. 담이 벽이 되고, 담이 굴뚝 역할도 하는 제멋에 겨운 아름다운 풍경이다. 담과 굴뚝이 다르지 않고 하나로 붙여 만들었다. 턱 하니 항아리를 얹어서 굴뚝을 만들었다.
3/ **옹기굴뚝** 예산 수덕여관. 옹기를 한 개 혹은 여러 개를 이어서 연통역할을 하게 만든 굴뚝이다.
4/ **널굴뚝** 순천 낙안읍성. 널빤지를 이어 붙인 굴뚝으로 널 틈새로 연기가 새 나온다.
5/ **통나무굴뚝** 용인 한국민속촌. 통나무 속을 비워서 만든 굴뚝으로 강원도 정선, 삼척, 지리산자락 산간마을에서 볼 수 있다.
6/ **전축굴뚝** 경복궁 아미산. 궁궐에는 벽돌로 굴뚝을 쌓고 각종 장식과 기와지붕까지 덮어 치장하는 경우가 많다. 아미산굴뚝은 보물 811호로 육각형 전축굴뚝이다.
7/ **연가** 경복궁 자경전. 굴뚝 위에서 빗물을 막아주고 배기할 수 있게 한 집 모양 토기로 궁궐에서나 쓰이는 고급스러운 장식기와이다. 십장생과 길상무늬를 베푼 자경전 십장생굴뚝은 보물 810호로 연가가 10개 올라가 있다.

1/ 4 채와 채가 조화를 이룬 한옥: 여백의 미, 문의 종류, 안채, 사랑채

1/

2/

3/

4/

5/

● 서양의 건축물은 같은 높이의 대지를 확보하거나 건물을 층위에 따라 변형된 모양을 해야 건축물을 지을 수 있지만, 한옥은 독립된 채에 의해 지어지기 때문에 채별로 지대가 달라도 상관없이 건축물을 지을 수 있다. 구릉지나 경사지에 건물을 지을 때에도 건물이 들어서는 전체 대지를 같은 높이로 고를 필요가 없다. 채별로 들어서는 면적만을 주변과 어울리는 높이로 골라서 지으면 더욱 멋진 어울림을 만들어낼 수 있다.

한옥은 기능에 따라 채로 나누고 공간을 분리한다. 공간 사이에는 담장을 하고 문이 달린다. 문은 내부와 외부를 구분 짓고 출입할 수 있게 하는 요소로 한옥은 입구에 설치된 대문에서부터 시작된다. 문은 닫힘과 열림의 이중성을 가지고 있다. 폐쇄공간에 드나들 수 있는 개방공간의 마련이라는 점에서는 열린 공간이다. 하지만, 닫아걸면 바로 벽과 다름없이 닫힌 공간이 된다.

한옥에서 대문은 문의 순수한 여닫이 기능 외에도 권위와 미학적인 점을 가지고 있다. 대문을 보면 집을 지은 집주인의 마음과 위상을 읽을 수 있다. 문의 종류는 다양하다. 권위를 내세운 솟을대문부터 평대문, 문의 기둥의 숫자로 나뉘는 사주문, 일각문, 일주문이 있고, 서민들의 담으로 영역표시 정도에 머문 소박한 사립문도 있다. 용도에 따른 구분으로 중문, 협문, 쪽문 등도 있다. 2층으로 된 누문도 있는데 1층은 출입문으로 2층은 망루를 두어 더욱 위용과 권위적인 모습을 보이는 문으로 궁궐과 사찰에서 볼 수 있다. 안동 봉정사 만세루와 영주 부석사 안양문이 이에 해당한다.

1/ 구례 곡전재. 바람 길을 중심으로 공간과 공간 사이 풍경작용이 일어나고 비울수록 여유가 생기는 묘한 집이 한옥이다.
2/ **사랑채** 청송 송소고택. 큰사랑채와 작은사랑채의 공간을 분할하기 위해 쌓은 내담이다.
한옥은 남녀와 신분에 의한 생활공간과 영역이 구분되어 있다.
3/ **안채** 경주 양동마을 서백당. 단을 높인 안채의 대청마루에서 바라본 모습으로 바깥세상이 풍경으로 다가온다.
4/ **솟을대문** 안동 병산서원. 서원은 전학후묘의 배치에 따라 솟을대문에서 시작하여 앞쪽에는 학문을 배우고 익히는 강학공간을 배치하고, 중앙의 강당을 지나 서원 뒤쪽 가장 높은 곳에 배향공간인 사당을 배치하였다.
5/ **솟을대문** 봉화 닭실마을 권충재. 보름달처럼 상하에 곡선을 드리웠다. 솟을대문이 권위를 내세우기보다는 주인의 예술성을 확인할 수 있어 오히려 흐뭇하다.

솟을대문은 종이품 이상의 관료가 타고 다니던 초헌을 드나들게 하려는 방편으로 마련되었지만, 조선시대에는 양반의 상징처럼 여겨져 양반가 세도의 상징으로 많이 지어졌다. 대표적인 예로 창덕궁 낙선재 솟을대문 한가운데에 외바퀴 달린 초헌이 다닐 수 있도록 문지방의 가운데 부분 한 뼘 정도를 비워놓았다. 대문은 노출되어 있으며 홀로 서 있거나 행랑채를 끼고 서 있다.

대문을 들어서면 마당이 나온다. 독립된 건물들이 모여서 이루어진 한옥은 마당과 단독건물인 채가 절묘하게 만나고 떨어지는 일정한 거리가 있다. 이 거리가 사람 사이의 거리이며 자연과 사람이 만나는 거리이다. 개인이나 가정 그리고 사회 모두 일정한 거리를 두고 있다. 거리의 조정이 잘 이루어져야 개인이나 사회 모두 안정과 화합이 이루어진다. 가정에서는 아버지와 어머니 사이에도 거리가 있다. 사상과 철학에 따라 사회에서 요구하는 거리와 개인적인 정감의 거리가 있다. 그리고 자연과 사람의 거리가 존재한다. 이 거리를 절묘하게 맞춘 것이 마당의 크기가 되고 마당의 크기가 심정적인 거리가 된다.

집안으로 들어서면 한옥에서 물리적인 중심은 사랑채이지만 정신적인 중심은 안채이다. 사랑채가 앞뒤로 마당을 둔 집의 중심이나 남성공간으로서 낮 동안만 중심이 된다. 한결같이 중심이 되는 공간은 안채이다. 바깥주인이 낮에 머무는 사랑채는 해가 넘어가면 비워진다. 바깥주인이 안으로 들기 때문이다. 남자가 너무 일찍 안채로 드는 것도 눈치 보이는 일이어서 사랑채와 안채 사이에는 협문이나 샛문을 설치해 남의 시선에서 자유롭게 한 경우가 종종 있다. 남몰래 드나들 수 있도록 담으로 가려놓았거나 숨겨진 듯한 모습의 문을 만들어놓았다. 남자와 여자가 만나 합궁을 이루는 것을 자연스러운 일로 여기면서도 행위를 감추려는 유교적인 원리가 그대로 적용되었다. 남녀가 생활하는 활동공간을 나눌 만큼 남과 여의 거리를 크게 한 것이 조선시대 생활윤리였다.

1/ **사주문** 안동 군자마을 후조당. 담장에 대문을 설치할 때 기둥을 네 개 세워서 만든 맞배지붕의 대문이다.
2/ **솟을대문** 창덕궁 낙선재. 행랑채보다 대문간을 높게 설치한 것으로 종2품 이상의 관료가 타고 다니던 초헌을 탄 채로 지나갈 수 있도록 문지방 가운데를 끊어 놓았다. 조선대에는 양반의 상징처럼 여겨져 양반가에서 많이 설치하였다.
3/ **평대문** 안동 의성김씨종택. 행랑채와 같은 높이로 만든 평대문이다. 기와지붕의 서민주택과 중·상류주택의 몸채나 행랑채에 설치하였다.

1/ 4 채와 채가 조화를 이룬 한옥: 여백의 미, 문의 종류, 안채, 사랑채

● 안채에서 바라보든 사랑채에서 바라보든 밖의 풍경을 관망할 수 있도록 배치했다. 하지만, 유교적인 관념이 지배하던 조선시대상을 반영한 결과로 안채는 폐쇄적인 ㅁ자형의 집을 짓기도 했다. 더욱 보수적인 경상도 지방의 집이 그러했다. 서민보다는 사대부 양반가의 집 구조가 더 유교적인 원리에 의하여 지어져 폐쇄적이다. 서민들은 구분을 둘 만큼의 재력이나 목재를 구하기가 어려워서 그러한 원리나 사상을 적용할 여유나 입장이 되지 못했다. 서민 집은 마당과 한 채로 이루어진 집이 전부였고 대부분 집이 그러했다. 이념이나 철학을 구현하며 살기에는 생활이 급했다. 당장 입고 자고 쉬어야 할 공간을 구하는 것마저도 힘이 들었다. 하지만, 양반가의 집은 성리학의 원리를 곳곳에 심어서 자긍심을 가지려 했다. 하지만, 모든 생활에 깊이 들어선 성리학의 원리가 답답한 면을 가지고 있어 자율성과 파격을 들이고 싶어 하는 요인이 강하게 대두하였다. 틀에 박힌 성리학과 틀을 깨는 파격의 자연주의는 서로 다르면서도 서로 끌어당기는 묘한 특성을 갖게 되었다. 한옥의 아름다움은 이 두 가지의 다른 사상이 만나서 절묘한 조화를 이룬 데에 있다. 조선시대의 경우 자연주의는 시대를 더할수록 확대되었다. 자연주의 발현은 한옥에서는 마당에서 발현되고 마당에서 마무리된다. 집을 짓는 구조적인 특성이 목재의 가구맞춤이다. 이는 유교적인 빈틈없는 생활원리를 적용하지만, 통나무를 그대로 쓰거나 질서정연한 가운데 일부를 흩으려 놓는 파격은 답답한 현실을 탈출하려는 의도이기도 했다. 이러한 마음의 특성은 신분에 관계없이 한민족의 핏속에 스며있음을 보게 된다.

1/ **협문** 광명 이원익종택. 측면에 있는 건물로 이동하기 위해 내담에 설치한 문을 가리킨다.
2/ **일각문** 논산 이삼장군고택. 담장에 두 개의 기둥을 세워 판문을 달고 지붕을 올려 만든다.
이때 기둥보다 담장이 두꺼워서 기둥 양쪽의 담장에 여모판이라고 하는 조각 판재를 대여 막는다.
3/ **중문** 청송 송소고택. 대문을 제외한 중심축선 상에 놓인 문을 말한다.
작은사랑채 마당에서 바라본 모습으로 작은사랑채 옆으로 안채를 드나드는 중문이 나 있다.

제주도를 갔을 때 혼자의 힘으로 한옥을 짓고 사는 사람을 찾아간 적이 있다. 한옥 짓는 법을 배워 부부가 자신들의 힘만으로 지은 집이었는데 자연주의는 요즘에 지은 그곳에서도 살아 있었다. 집안에 나뭇가지가 그대로 남겨진 기둥을 대청 한가운데 세워놓았다. 그리고 벽면의 한쪽에는 굵은 나뭇가지를 그대로 몸통에 단 통나무를 벽면에 박아놓았다. 살아 있는 나무가 집 안에 들어와 있는 느낌었다. 잘 다듬어지고 정제된 집에 자연을 들여놓는 심성이 그대로 드러났다. 자연주의는 여유를 가진 사람의 풍류이기도 하다. 요즘처럼 자재가 흔한 시절에도 자연주의 사상이 체화된 것이 우리 민족의 마음이다. 한옥은 자연과 사람이 만나는 장소이다. 자연의 품에 안겨 산다는 의식을 가진 사람들이 짓고 사는 집이 한옥이다.

1/ **사립문** 순천 낙안읍성. 싸리, 옥수숫대, 대나무, 나뭇가지 등을 엮어 만든 문짝인 사립짝을 달아 만든 문이다.
2/ **누문** 영주 부석사 안양문. 2층 누각건물 1층에 설치한 출입문으로 사찰에서는 보통 대웅전 앞에 누각을 둔다.
3/ **일주문** 순천 송광사. 불교의 삼중 문인 일주문, 사천왕문, 불이문 중 첫 번째 문으로 기둥이 일렬로 서고 문짝이 없다. 세속의 번뇌를 씻어 내고 진리의 세계로 향하라는 상징적인 가르침이 담긴 문이다.
4/ **누문** 안동 봉정사 만세루. 2층으로 된 누문으로 1층은 출입문으로 2층은 망루를 두어 더욱 위용과 권위적인 모습을 보인다.

鳳凰山浮石寺
2

3

4

1/5

한옥의 여유와 소통의 공간

마당

마당은 동양화의 여백처럼 한옥에서 여백의 미를 살리는 중요한 요소로
여유와 소통의 공간으로 존재한다. 마당은 한옥의 독립된 건물인
채와 채를 연결해 주는 역할과 잔치와 노동의 공간이기도 하다.
한옥은 마당에 의해서 겹 구성의 공간적 특징이 드러나고 여유로워진다.

왼쪽, 창덕궁 연경당. 마당은 한옥의 독립된 건물인 채와 채를 연결해 주는 역할과 축제와 노동의 공간이기도 하다.
한옥은 마당에 의해서 겹 구성의 공간적 특징이 드러나고 여유로워진다.
오른쪽, 경주 양동마을 향단. 하늘이 열린 공간과 마당의 공간이 비슷하다. 빗물은 봉당 밖으로 떨어지고
그 선이 지붕의 처마곡과 일치한다.

● 한옥에서 대문을 들어서면 제일 먼저 마당과 만난다. 한옥의 마당은 채와 채가 저만치 떨어져 서로 바라보는 관계 사이의 공간을 만든다. 빈 마당은 겹 구성의 공간적 특징이 드러나고, 마당의 적당한 거리에서 건너편 방과 교류하고 싶은 마음을 불러일으키며 안과 밖을 이어준다. 마당은 그저 비어 있는 곳이 아니라 마치 동양화의 여백처럼 한옥의 중요한 한 요소로 서로 소통하고 여유를 찾는 공간으로 존재한다. 하늘과 땅이 사람에 의해 완성된 공간이며 신분을 넘어선 만남의 장소이기도 하다. 마당은 잔칫날이나 장례가 이루어지는 통과의례의 공식장소이며 농경문화가 이루어지는 노동공간이다. 그뿐만 아니라 방과 마루로 이루어진 실내와 대문 밖 사회와의 완충지대 역할도 한다. 여름이면 마당에 멍석을 깔고 삶은 감자와 고구마를 먹으며 가족이 도란도란 이야기를 나누다 보면 달밤도 찾아오고 별밤도 찾아온다. 바람이 살랑살랑 여름날의 더위를 식혀주며 지나가고 가족의 정은 그렇게 깊어간다. 하늘과 바람과 지상의 인연들이 만나 소곤소곤 생을 나누어 갖는 공간이다.

마당은 한옥에서 가장 넓은 면적을 차지한다. 집 안에 있으면서도 실내가 아닌 공간으로, 꾸미지 않았으나 실내처럼 느껴지고 안과 밖의 중간지대로서 만남과 화합이 이루어지는 장소이기도 하다. 과거 농경시대에 마당은 모내기와 타작을 하는 노동의 공간으로 필요했다. 봄에는 모내기를 준비하고 밭작물을 심기 전에는 농기구를 정비하고 씨앗을 고르기도 했다. 마당은 준비하는 공간으로서 넉넉했다. 가을에는 추수한 농작물을 창고에 넣기 전에 정리하고, 콩이나 팥을 털기도 하며 벼를 말리고 고추를 말리는 장소로 실내에서 할 수 없는 일들이 마당에서 이루어졌다. 마당은 하늘이 열린 공간으로 꾸미지 않은 공간이다. 여유공간으로 남겨두어 축제와 공동체의 장소가 되었다. 추수 후에 사물놀이패를 들여 한바탕 춤과 노래의 장을 펼치던 곳 또한 마당이다.

1/ 안동 심원정사. 대청에서 바라본 마당. 마당은 비어 있는 공간이 아니라 삶의 활력이 넘치는 공간이다. 사람의 통과의례인 관혼상제와 봄에는 모내기 준비로, 가을에는 추수하는 노동의 공간이기도 하다.

2/ 논산 명재고택. 한옥은 드러내지 않으면서 자신의 자리를 안온하게 차지하고, 사람의 손으로 만든 것이면서도 자연과 잘 어울리는 위치에 모습을 갖추고 있다. 자연을 내재한 건물이다.

1/

2/

● 마당은 공간이면서 사람들의 일상사가 행동으로 이어지는 공간이다. 춤은 몸의 언어요, 노동은 몸의 실천이다. 신명 나게 한 판 벌어지는 축제의 공간으로 하늘의 마음을 담은 춤이 어우러지는 장소였다. 노동만큼 사람을 사람답게 만드는 것도 드물다. 노동이 사람을 영속시켜주는 힘이요, 성전을 쌓는 것도 먹을거리를 마련하는 것도 노동의 결과였다. 이 땅에 사람의 노동 없이 이루어지는 것은 없다. 역사는 사람의 노동과 땀의 결과로 이어져 왔고 이어갈 것이다. 마당은 아름다울 것도 미천할 것도 없는 사람다운 삶의 모습이 그대로 노출되고 드러나는 공간이다. 우리나라 사람에게 마당은 여유와 실천의 공간이다. 한옥의 마당은 안마당과 사랑마당, 행랑마당, 뒷마당으로 나누어진다. 안마당은 안채 대청 앞에 있는 마당이고, 사랑마당은 사랑채 앞에 마련된 마당이다. 뒷마당은 안채 뒤편에 산이나 구릉과 만나는 곳에 마련된 비교적 작은 공간이다.

조선시대에는 유교적인 영향으로 남녀유별이라 하여 남과 여의 생활공간이 엄격하게 분리되었는데 이는 한옥에도 그대로 반영되었다. 주로 낮에 중심 역할을 한 곳은 손님을 맞거나 행사 장소로 쓰였던 사랑채이다. 찾아오는 손님을 주로 사랑채에서 바깥양반이 맡아 접대하였는데, 바깥양반은 바깥 일을 주관하는 사람이란 뜻으로 남자 주인을 말한다. 여자 주인인 안주인은 음식을 장만하고 식솔들을 통솔하여 가사를 주관하였다. 어둠이 내리고 밤이 찾아오면 집의 중심은 사랑채에서 안채로 옮겨진다. 사랑채에 있던 바깥주인이 안채로 들어가 실질적인 집의 중심은 안채인 셈이다. 저녁이 되면 가족 모두 안채에 들어가 비로소 가족이란 공동체가 한자리에 모이게 된다.

세계적으로 여성운동이 없었던 나라가 드문데 그 중 하나가 우리나라라고 한다. 우리나라 여성들이 푸대접을 받은 듯하나, 내막을 들여다보면 그렇지 않다. 남성들은 허세의 주체였고 여성들은 실질적인 힘을 행사하는 관리자였다. 그러한 이유로 한국에서는 개화 시에도 여성운동이 드세게 일어나지 않았다고 주장하는 사람도 있다. 서양은 여성이 결혼하면 남성의 성을 따르지만, 우리나라는 여성 이름을 그대로 사용한다. 여성의 정조는 어느 나라나 마찬가지로 공통으로 지켜야 할 덕목으로 내세워 의무를 강조했지만 권리는 넘겨주지 않았다. 그러나 우리나라는 여성에게 경제적인 관리자의 역할을 주어 실속 있는 권리를 주었다.

왼쪽/ 일산 밤가시초가. 마당 한가운데 똬리를 튼 모양으로 지붕을 열어 놓았다. ㅁ자형의 지붕 사이로 빛이 쏟아져 들어온다.

조선 사회에서는 남자가 벼슬을 해서 세상으로 나아가는 것만이 유일하게 성공한 집안으로 인정받았다. 세상으로 나아가는 남자를 대신해 집안일을 맡아 운영하고 이끌어나갈 사람은 자연스럽게 여성이었다. 집안일의 출발은 안채의 안주인으로부터 이루어졌다. 모든 경제권은 안주인에게 있었다. 곳간 열쇠는 여성의 차지였다. 권력 대부분은 경제권에서 출발한다. 곳간 열쇠가 상징하는 바가 얼마나 큰지는 여자의 역할을 보면 알 수 있다. 종과 노비를 관리하고 자녀의 결혼 시에 예단을 마련하거나 경조사의 중요사항은 안주인이 결정하고 행사했다. 안마당은 여성의 지배공간이고, 사랑채 마당은 남성의 지배공간이다. 집안의 경조사의 주 무대는 사랑채 마당이지만 이를 준비하는 곳은 안채와 안마당이었다. 행사의 성공 여부는 안주인의 능력에 달렸다. 사람을 부리고 일머리를 아는 사람은 안주인이었기 때문이다. 집안일을 알려고 하거나 참견하는 일은 남성으로서 할 일이 아닌 졸장부나 할 일이라고 생각했다. 여성의 권력은 드러나지 않고 숨겨져 있었다.

우리나라는 전통적으로 마당을 비워 놓았다. 나무와 화초를 아예 심지 않거나 화단을 마련할 때에도 작은 나무와 화초만을 심는다. 지붕 높이를 넘게 자라는 나무는 심지 않는다. 집의 향이 대부분 동남향이므로 그늘이 지는 것을 피하려는 방법이기도 하지만, 사람들이 모이는 장소이기 때문에 비워두었다. 필요에 의해 마당에 나무와 잔디를 심지 않은 이유도 있으나, 한국인의 심성에 담겨 있는 공간처리에 대한 안목이 작용하고 있어서였다. 마당을 단순히 빈 곳으로만 보지 않고 건축물과 건축물을 이어주는 징검다리 역할, 미래를 준비하기 위한 여유의 공간으로 보았다. 대궐이나 운현궁 같은 곳을 보아도 마당 한가운데에 나무를 심지 않는다. 우리에게는 서로 다투고 경쟁하는 실생활의 윤리를 담은 유교적인 면이 사회제도가 되어 세상도 온통 유교의 원리에 의하여 돌아가는 것처럼 보이지만, 한옥을 살펴보면 도가적인 면이 여러 곳에 담겨 있다. 마당도 그 하나이다.

1/ 경주 양동마을 서백당. 대청에서 마당을 건너 바라보는 담 너머의 풍경이 마당을 통해서 살아난다.
2/ 파주 명가원. 마당은 빈 곳이 아니라 동양화의 여백처럼 한옥의 한 요소로 소통과 여유 공간으로 존재한다.

● 마당 없는 한옥을 생각하면 답답하다. 마당은 한옥을 아름답게 하는 중요한 요소이다. 비어 있어 인위적인 것들을 보듬고 끌어안는 역할을 한다. 대청에서 마당을 건너 바라보는 사랑채와 담 너머의 풍경이 마당을 통해서 살아난다. 마당은 살아 있는 생명을 위한 공간이며, 살아가는 가치가 집안에만 있는 것이 아니라 너른 바깥세상에도 있음을 은유적으로 보여주는 공간이다. 한옥의 여유는 마당에서 절정을 이룬다. 비워둔 마당을 통해서 건물과 건물의 대화의 거리가 유지되고, 건물과 사람의 거리가 유지되고, 사람과 사람 간의 멀지도 가깝지도 않은 심정의 거리를 가지게 된다. 한옥은 큰 건물 한 동으로 이루어진 집이 아니라 여러 채의 집이 모여서 하나의 완성된 집을 이루는데, 최종 마무리는 마당에서 매듭지어진다. 한옥은 은둔과 참여의 이중성을 잘 버무린 건축물이다. 유교적인 사대부의 윤리를 반영한 한옥이지만 도가적인 은둔과 한가함을 반영한 건축물이다.

성리학에 바탕을 둔 유교 사회였던 조선시대의 가옥은 거리를 확연하게 구분하였다. 안채와 사랑채가 떨어진 만큼의 거리가 남녀 사이의 거리였다. 사랑채와 행랑채 사이의 거리가 신분의 차이를 나누는 거리였다. 집과 집 사이에 있는 마당이 그 구실을 했다. 신분의 거리, 남녀 사이의 거리를 마당이 연결해주기도 하고 분리하기도 하는 공간이었다. 마당은 남녀와 신분의 거리를 수용하기도 하고, 거리를 두기도 하면서 하늘과 사람이 만나는 만남의 공간이기도 했다. 마당의 넓이는 부와 권력의 상징물이었다. 부가 쌓이는 만큼 마당은 커졌으며 권력을 쌓은 만큼 마당의 넓이는 확대되어 갔다.

1/ 전주 동락원. 대문간에서 바라본 사랑채와 안채의 측면으로 현대 한옥의 마당은 노동공간에서 조경공간으로, 문화공간으로 다시 태어나고 있다.

2/ 북촌마을 은덕문화원. 마당은 한국인의 심성에 자리 잡은 여유 공간이면서 소통의 공간이자 화합의 공간이다. 마당은 또한 어울림의 장소이다.

3/ 북촌마을 안국선원. 마당은 큰 나무와 화초를 심지 않고 비워둔다. 활동공간이며 공동생활의 장소이기 때문이다.

4/ 북촌 청원산방. 마당에 놓은 디딤돌의 크기가 달라 정감이 더 살아난다. 문지방의 아래쪽에 달의 한 부분을 들여놓은 듯 휘영청 삶도 넉넉하다. 인위가 자연을 닮으면 최고의 아름다움이 된다.

● 앞서 말한 것처럼 한옥에서 마당은 노동과 축제의 공간이기도 하지만, 집터가 구릉지나 경사지일 때는 마당과 마당 사이에 집을 지어 땅의 기울기나 층위의 가파름을 받아내기도 한다. 경사지에 지어진 한옥은 들어갈수록 높아지는 특성이 있다. 풍수지리의 배산임수에 입각한 배치를 하고 있어서이다. 입구는 낮고 안으로 들어갈수록 높아지는 원리는 뒤에 산을 두고 있어서이다. 그래서 건물의 배치는 입구에서부터 행랑채, 사랑채 그리고 그 안쪽에 안채가 있고 사당은 오른쪽 가장 높은 곳에 위치한다. 마당도 마찬가지로 입구에서부터 사랑마당이 나오고 사랑채와 연결된 중문으로 들어서면 안마당, 안마당을 건너면 안채가 있다.

느슨한 경계와 비어 있는 마당공간에 의해 한옥은 오히려 아름답게 보인다. 마당공간은 건축물과 서로 보완적인 존재이다. 그래서 한옥은 마당이란 공간에 의해 충족되는 집이다. 단순히 비어 있는 것이 아닌 한옥을 완성하기 위한 비어 있음이다. 여러 채가 모여 한옥 한 동이 되는 원리는 마당에서 출발하고 또한 마당에서 매듭지어지기 때문이다. 한옥에서 마당이 없다는 것은 한국적인 중요한 한 부분을 잃어버리는 것과 같아 미완의 건물이 된다.

마당은 공동체 의식의 공간이며 자연과 만나는 공간으로 한옥에서 가장 열린 장소이다. 마당이란 집의 앞이나 뒤에 평평하게 닦아 놓은 땅을 말하지만, 집에만 국한된 명칭은 아니다. 빈터 또한 마당이라 부른다. 시장의 열린 넓은 빈터에서 한바탕 놀이가 벌어지면 바로 놀이마당이 된다. 신과 만나는 굿판이 이루어진 곳도 마당이다. 마당은 한국인의 심성에 자리 잡은 여유 공간이자 소통의 공간이며 어울림의 공간이다. 우리의 대중문화가 살아 있는 시장이나 마을에 마련된 공간을 이용하여 문화공연이 이루어지는데 이를 마당놀이라고 한다. 서양에서 1막, 2막이라고 하는 것도 한 마당, 두 마당으로 표현된다. 그만큼 우리에게 있어서 마당은 문화와 여유의 공간 그리고 노동과 축제의 공간이라는 복합적인 장소이다. 결과적으로 비어 있으나 마지막 충족의 역할을 하는 곳, 하늘과 땅과 인간이 함께 만나는 곳, 그 곳이 바로 마당이다.

1/ 종로 민가다헌. 느슨한 경계와 비어 있는 마당공간에 의해 한옥은 오히려 더 아름답게 보인다.
2/ 제주 성읍마을 한봉일가옥. 한옥의 마당은 채와 채가 저만치 떨어져 서로 바라보는 관계 사이에서 공간이 형성된다.

2

자연과 공존하는 한옥

2, 1 안에서는 밖을, 밖에서는 안을 지향하는 한옥: 들어걸개와 분합문, 대청, 종 2, 2 자연을 끌어들인 한옥: 주춧돌, 덤벙주초, 도랑주, 디딤돌 2, 3 자연에 순응하는 한옥: 기둥, 도리, 보, 대공, 전통마을 2, 4 한옥은 세상과 소통하는 공간: 집터, 추녀와 사래, 선자서까래, 담장 높이

2/1

안에서는 밖을, 밖에서는 안을 지향하는 한옥

들어걸개와 문합문, 대청, 종

안과 밖이 하나가 되는 집은 한옥뿐이다.
들어걸개문을 들어 올리면 곱게 처마를 들어 올린 지붕만 남는다.
내가 앉아 있는 자리가 순간 세상의 중심이 된다.
자연과의 공존을 꿈꾸는데 그치지 않고 바로 실천한 집이 한옥이다.

–

왼쪽/ **풍경** 합천 해인사. 풍경風磬은 작은 종처럼 만들어 가운데 추를 달고 붕어 모양의 쇳조각을 매달아 놓으면 바람이 부는 대로 흔들리며 맑은소리를 낸다.
오른쪽/ **들어걸개** 안동 군자마을 후조당. 문은 폐쇄와 개방의 이중적인 특징을 가지고 있다. 다른 나라도 문은 개폐하기 쉽게 하지만 우리는 아예 문을 제거하여 쉽게 개방할 수 있는 구조로 만들었다.

● 한옥은 우리의 자연과 역사 속에서 형성된 우리 민족의 주거양식으로 계절과 자연의 변화를 체험할 수 있을 뿐만 아니라, 아늑한 마당에서 여유를 즐기고, 환경친화적인 목구조의 틀 속에서 건강한 삶을 살아갈 수 있는 집이다. 한옥은 안에서는 밖을 지향하고 밖에서는 안을 지향한다. 소리가 담을 넘듯, 시가 세상과 한 통속이듯, 한옥은 세상을 향하여 손짓하고 실제로 만나는 공간이다.

한옥에는 들어걸개 문이 있다. 벽 전체를 문으로 만든 것도 드문 일이지만, 문 전체를 들어 올려 상부에 걸어 벽을 없애는 문화는 한옥만이 가진 독특함이다. 분합문을 접어서 상부에 걸면 안과 밖이 한순간에 통하여 하나가 된다. 문을 열어 들어 올리는 순간 벽은 사라지고 주변의 풍경으로부터 둘러싸여 자신이 앉은 바로 그 자리가 중심이 된다. 안방에 앉아 있건 마루에 앉아 있건 자연과 소통하면서 동시에 세상의 중심이 되는 것이다. 바로 한옥의 멋이자 아름다움이다.

한옥에서의 여유는 세상의 중심이 되는 것에서부터 출발하여 자연과 사람이 둘이 아닌 하나임을 확인시켜 준다. 그 중에서도 한옥의 분합문은 자연과 하나 되는 절정의 순간을 깨닫게 한다. 분합문은 흔히 네 개의 문으로 만들어져 있어 두 장씩 접을 수 있고, 두 장씩 접은 문을 포개면 하나가 된다. 네 개의 문이 하나로 접히면 이것을 들어 올려 상부의 걸쇠에 건다. 자연과 소통하며 막혔던 바람이 흐르고 떨어져 있던 풍광이 찾아온다. 여름철에는 더욱 그 빛이 발한다.

1/ **들어걸개** 아산 외암마을 감찰댁. 들어걸개문을 걸어 놓은 모습으로 문의 도열이 정갈하고 기개 있어 보인다.
2/ **들어걸개** 정읍 김동수가옥. 분합문을 접어 올리면 대청과 방이 큰 공간으로 확대되어 경조사나 모임 때 사용하기 편리하도록 만들어진 것이 들어걸개문이다.

2/ 1 안에서는 밖을, 밖에서는 안을 지향하는 한옥: 들어걸개와 분합문, 대청, 종

1/

2/

3/

● 넓은 마루란 뜻의 대청은 대개 안방과 건넌방 사이에 놓이고 방과 대청 사이에는 분합문이 달려서 들어 걸면 하나의 넓은 공간으로 확장할 수 있는 구조이다. 대청은 상부를 가구맞춤으로 지어 목재의 모습이 그대로 드러난다. 한국건축의 특징 중 하나는 부재를 드러내는 공법으로 재목이 쓰인 용도와 구조가 그대로 노출되어 건물이 어떻게 지어졌는지 한눈에 알 수 있다는 것이다. 대청은 한옥의 실내에서 가장 넓고 트인 공간으로 마루 중 가장 넓은 공간이다. 대청은 천장이 높고 앞마당과 뒤뜰의 중간에 바람이 불어가는 통로로 시원하다. 또한, 대청을 통해 방으로 출입할 수 있는 구조는 실내외의 온도 차이에 적응하도록 배려한 세심한 공간이기도 하다.

조선시대에는 대청에서 제사를 지냈기 때문에 넓었다. 대청은 보통 4칸이지만 대갓집에서는 6칸 대청도 흔히 볼 수 있는데, 6칸 대청은 부의 상징이기도 했다. 양반의 체통을 살려주는 장쾌한 대청의 천장은 높고 어머니 품 같은 아늑한 방의 천장은 낮다. 대청은 남동풍에 맞춰 남향을 지켰다. 겨울 햇빛은 아침 10시쯤 대청의 마당 쪽 끄트머리부터 시작해서 오후 4시쯤이면 안쪽 끝에 닿는다. 대청으로 들어가지 전에 툇마루가 놓여 있다. 툇마루는 들고날 때 한숨 돌리고 쉴 수 있는 공간이기도 하다. 대청은 완벽하리만큼 철저하게 구성되었지만, 공간구성은 여유와 한가함을 들일 수 있는 비어 있는 공간이다. 인위적이나 사람과 자연이 만나 여유로움을 누릴 수 있는 공간이다. 비워둠으로써 그 자리에 무위적인 요소들을 공간 구성에 적극적으로 채워넣고 있음을 알 수 있다. 그래서 한옥은 비어 있는 공간들에 의하여 비로소 꽉 찬 완성을 이루는 집이다.

들고 나면서 잠시 걸터앉아 산을 바라보며 눈을 맡기고, 비가 내려 낙숫물 떨어지는 소리에 귀를 맡기고 있으면 삼라만상이 다가왔다가 멀어졌다 하면서 계절도 들고난다. 아득한 그리움은 투명한 낙숫물에 맺혀 떨어지고 그 모습에 빼앗긴 마음은 다소곳한 즐거움에 젖는다.

1/ **분합문** 경주 양동마을 향단. 좌우 대칭의 만살문 사이로 세살청판문이 어우러져 간결하면서도 멋스럽다.
2/ **들어걸개** 산청 단계마을 권씨고가. 들어걸개문을 들어 걸면 조상을 모시던 가묘家廟가 있던 곳과 대청이 하나로 확장된다. 대청은 제사를 지내던 장소여서 넓다.
3/ **분합문** 남산 한옥마을. 후면에도 분합문을 달아 공연장으로도 활용도가 높은 구조이다.
분합문은 여러 개의 쪽문을 합친 것을 말한다. 여러 개의 문으로 이어져 있어 겹칠 수도 있고, 떼어내서 공간을 연결해 확장할 수 있는 문이다.

● 살포시 든 추녀 끝에서 우는 풍경소리가 한 여름날의 마당에 쨍그랑거리며 떨어지는 소리를 들어본 사람은 인생이 달다는 것을 깨우치게 된다. 한국의 산하에 어울리는 풍경보다 백배는 더 우렁차고 가슴을 후벼 파는 한국 종소리를 들어보면 눈물이 난다. 깊어지면서 아름다워지는 풍경을 만나본 적이 있는가. 한옥의 아름다움은 한국 종소리와 여러모로 닮았다. 서두르는 사람에게보다 여유를 품은 사람에게 어울리고, 조바심내는 사람보다 넉넉한 능청스러움이 한결 어울린다. 침묵이 쌓이는 것이란 걸 눈치를 챈 사람은 안다. 산다는 것도 시간을 쌓는 것이란 걸. 새소리가 그늘과 함께 쌓이고, 인생도 깨달음과 함께 쌓이는 경이였음을. 한국의 건축물에 어울리는 종이 있다. 나라에서 치는 종이 있고, 산사에서 치는 종이 있다. 종소리에 귀를 기울여보면 세상의 마음을 알게 된다.

젊은 연인이 함께 종을 치는데
급하게 연이어 종을 친다
종소리가 깊지 못하다

한국 종은 앞선 종소리가 멀리 나갔다가
다시 돌아올 때까지 기다려야
다음 종소리가 맛을 알고 따라간다
젊은 연인들의 종소리가 탁한 건
돌아오기 전에 종을 쳤기 때문이다

종소리를 깊게 한 건 기다림과
종 밑에 비워둔 큰 허공이
함께 울어주어서다

_신광철의 「종소리」 전문

1/ **대청** 안동 심원정사. 앞은 트이게 두고 뒤쪽에는 판문을 단다. 방과 대청 사이에 분합문을 달아 여름에는 이 문을 열어 방과 대청을 하나의 공간으로 넓게 쓰기도 한다.

2/ **대청** 국민대 명원민속관. 대청은 한옥의 실내에서 가장 넓고 트인 공간으로 마루 중에서도 가장 넓은 공간이다. 대갓집에서는 6칸 대청도 흔히 볼 수 있는데 육간대청은 부잣집이나 큰 집의 대명사로 쓰이기도 한다.

2, 1 안에서는 밖을, 밖에서는 안을 지향하는 한옥: 들어걸개와 분합문, 대청, 종

● 우리에게는 보신각종이 있고, 에밀레종이라 불리는 성덕대왕신종이 있다. 종소리를 직접 들으려면 진천 종박물관이나 수원 화성의 서장대에 가보면 된다. 직접 한국 종을 칠 수도 있고 그 소리에 인생의 깊이를 만날 수 있다.

한국 종에는 소리통이 있다. 그 소리통이 가진 특별함이 소리를 맑고 깊게 한다. 그리고 종 밑에 큰 독을 묻거나 벽돌이나 다른 방법으로 비어 있는 공간을 만들어놓는다. 빈 허공이 소리를 받아주고 함께 울어주니 소리가 웅장하고 울림이 유장하다. 종이 울릴 때 함께 울어주는 세상과 동참하기 위해서이다. 한국 종은 기다림의 미학을 가르쳐 자연의 이치를 일깨우는 종이다. 소리가 떠났다가 다시 한 번 공명하며 돌아오는 시간을 기다렸다가 종을 쳐야 소리가 길고 깊은 맛이 난다. 기다림을 알아야 종소리를 제대로 느낄 수 있다. 기다림이 알려주는 울림이 그윽하기만 하다. 한옥이 그렇다. 한옥의 풍류는 기다림과 한가함의 적절한 미학을 담고 있다. 머무르는 사람에게 앉은 자리가 세상의 중심자리임을 알려주고, 길 떠나는 사람에게 세상의 중심은 자신이 서 있는 자리임을 알려준다.

1/ **대청** 부여 민칠식가옥. 바닥은 우물마루로 하고 천장은 서까래가 노출된 연등천장으로 했다.
2/ **풍경** 파주 명가원. 살포시 든 추녀 끝에 풍경風磬을 달았다.
3/ **종** 영주 부석사. 한국 종은 기다림의 미학을 가르쳐 준다. 소리가 떠났다가 다시 한 번 공명하며 돌아오는 시간을 기다렸다가 종을 쳐야 소리가 길고 깊은 맛이 난다.

2/2

자연을 끌어들인 한옥

주춧돌, 덤벙주초, 도랑주, 디딤돌

유교의 성리학은 일상의 틀과 사고의 유연성이 떨어지는 지배이념이었다. 한옥에서 자연주의 채용은 성리학에서 해방되고 싶었던 사람들의 심리가 작용한 것은 아닌가 생각된다. 건물을 지으면서도 덤벙주초와 도랑주 등은 자연을 끌어들인 자연성의 극치를 보여준다.

–

왼쪽/ **도랑주** 구례 화엄사 구층암. 모과나무를 이용한 도랑주로 하나는 똑바로 세우고 하나는 거꾸로 기둥을 삼은 것은 순환의 원리를 받아들여서라고 한다.
오른쪽/ **장주초석** 해남 녹우당. 누각에 주로 사용하는 초석으로 비가 기둥에 많이 들이치는 것을 방지하기 위해 길게 만든다.

● 한옥은 나무와 돌로 축조된 건축물이다. 한옥은 기둥을 놓는 자리를 흙으로 두지 않고 돌로 받친다. 이것을 주초柱礎, 주춧돌이라고도 부르는 초석인데 기둥 밑에 놓여 지면의 습기가 기둥까지 올라가는 것을 차단하고 건물의 하중을 지면에 전달하는 역할을 한다. 기둥이 물에 젖어 썩는 것을 방지하려는 방법이기도 하고, 지붕의 무게를 받는 기둥이 지반에 내려앉지 않도록 하려는 조치이기도 하다. 우리나라는 전반적으로 초석을 쓰고 있고 초석의 종류에는 가공석초석, 자연석초석, 활주초석, 고맥이초석, 장주초석이 있다. 가공석초석은 모양에 따라 원형, 방형, 육모, 팔모, 사다리형초석으로 나눈다.

한옥에서 자연주의의 채용은 조선조에 들어서면서 오히려 깊어진다. 유교의 성리학이 지배이념이었던 조선조에 오히려 자연주의가 깊이 뿌리를 내리게 된 것은, 일상의 틀과 사고의 유연성이 떨어지는 유교에서 해방되고 싶었던 사람들의 심리가 작용한 것은 아닌가 생각한다. 민중을 거역한 통치자는 민중에게 맞아 죽고, 민중을 따라간 통치자는 민중과 함께 죽는다는 말이 가슴에 와 닿는다. 그러면 통치자는 어찌해야 하는가. 독자적인 정체성으로 민중과 함께 주고받는 절충으로 이끌어야 한다는 말이다. 민중의 뜻을 무시한 독재와 인기를 따라가는 영합 모두를 경계하고 있다. 조선조의 자연주의는 물론 우리나라 사람에게 오래전부터 지속하여온 불교와 도교, 그리고 선이라는 신선사상의 영향이 한몫했을 것으로 보여지지만, 빡빡한 정치이념의 틈바구니에서 벗어나고자 했던 민중의 마음을 표현한 것이 아니었을까 하는 생각이다.

어느 나라에서도 볼 수 없는 건축기법이 있다. 도랑주라는 건축기법이다. 한옥에서만 볼 수 있는 특별함이다. 도랑주는 원목을 대략 껍질만 벗겨 거칠게 다듬은 자연목에 가까운 기둥이다. 이러한 기둥은 조선시대 후기 자연주의 사상에 힘입어 살림집과 사찰 등지에서 사용되었다. 모든 기둥을 잘 다듬고 계량화하여 통일시킨 건물임에도 그 중 일부의 기둥을 다듬지 않은 원형에 가까운 원목을 그대로 세워놓는다. 인위적인 통일을 경계한 마음이다.

1/ **디딤돌** 거창 정온고택. 디딤돌을 드물게 이단으로 놓았다.
정제되고 완벽에 가까울 만큼 잘 지어진 집이지만 디딤돌은 자연석으로 놓아 여유와 넉넉함을 살렸다.

2/ **자연석초석** 경주 양동마을 향단. 기둥은 잘 다듬은 원형기둥이고 초석은 자연석 그대로다.
뒤의 판문도 잘 켜서 만들 정도로 공들여 지은 집임에도 저마다 가공하지 않은 크기와 모양이 다른 자연석초석을 그대로 썼다.

1/

2/

1/

2/

3/

● 대표적인 곳이 구례 화엄사의 구층암에 있는 모과나무를 이용한 도랑주다. 가지만을 쳐서 하나는 똑바로 세우고 다른 하나는 뒤집어서 세워놓았는데 한국인의 자연주의를 볼 수 있는 대표적인 예이다. 하나는 똑바로 세우고 하나는 거꾸로 기둥을 삼은 것은 순환의 원리를 받아들여서라고 한다. 또한, 개심사 심검당에 있는 기둥과 도리의 자연스러운 멋은 종잡을 수 없는 새로운 기쁨을 선사한다. 성군이었던 조선의 왕 정조가 과녁에 화살을 쏘았다. 화살 시위 모두를 명중하고 한 발이 남자 허공으로 날려 보냈다는 일화는 유명하다. 화살 한 발을 허공으로 날려 보낸 정조는 이렇게 말했다. "무엇이든 가득 차면 못 쓰는 것이다." 인간의 자만을 경계하는 마음이다. 한옥에서의 자연주의 수용은 바로 이러한 마음을 이해하려는 것에서 출발한다. 완벽을 지향하는 마음에 사람이 가져야 할 겸양을 보탠 것이 한옥의 모습이다. 한옥에서 이러한 모습은 여러 군데서 나타난다. 다른 나라에서는 찾아보기 어려운 자연주의를 대거 수용했다.

시골 길을 걷다 보면 담장에 호박이 담을 타고 햇살바라기를 하는 모습을 볼 수 있다. 누렇게 익어가는 모습을 바라보고 있으면 넉넉한 마음이 든다. 초가지붕에는 하얀 박이 햇볕 좋은 날에 뽀얀 알몸을 드러내고 있다. 우리 한민족이 바라는 빛깔이 저 박의 뽀얀 빛일까 생각해본다. 그 초가지붕의 하중을 다 받아내고 있는 기둥을 따라 내려오면 집의 하중 전체를 온몸으로 받고 있는 받침돌을 만난다. 기둥이 돌 위에 얹혀 있는 초석이다. 기둥 받침돌을 보면 우리의 마음에는 도랑주처럼 자연을 집 안에 들여놓고 천연덕스러운 여유를 즐기고 있음을 알게 된다.

1/ **활주초석** 함양 정여창고택. 팔작지붕의 추녀를 받쳐 주는 활주 아래에 놓는 초석을 말한다. 다른 초석에 비해 모양이나 높이가 다양하다.

2/ **도랑주** 서산 개심사 심검당. 자연목을 껍질만 벗긴 채 그대로 사용하는 것을 도랑주라고 한다. 한국인이 가진 심성의 일면을 볼 수 있다.

3/ **도랑주** 남양주 묘적사. 모든 기둥을 잘 다듬고 계량화하여 통일시킨 건물임에도 그 중 일부의 기둥을 다듬지 않은 원형에 가까운 원목을 그대로 세워놓는다. 인위적인 통일을 경계한 마음이다.

● 물론 세종 때의 기록을 보면 다듬은 초석을 사용하지 못하도록 하였지만, 천연덕스러운 멋을 아는 마음이 담겨 있는 것이 자연석이다. 자연석을 그대로 이용한 초석이 자연석초석이다. 생긴 그대로의 자연석을 이용하여 초석으로 쓴 것을 덤벙주초라고도 한다. 들뜬 행동으로 일을 제대로 하지 못하는 모양을 말하는 덤벙거리는 형상에서 따 온 듯하지만, 왠지 마음이 푸근해진다. 다 채우는 것이 빈 여백을 가지는 것에 비해 못함을 설파했다. 한옥은 우리 선조의 마음과 꿈을 담은 큰 그릇이다. 우리 선조는 욕망의 실현에 몰입하는 인간에게 각성을 촉구하는 주춧돌을 놓았다. 물과 함께 살던 돌이거나 흙속에 묻혀 살던 돌이거나 사람과 함께 하면서 생긴 그대로 집을 이루고 살자고 망치와 정을 들이대지 않고 주춧돌로 삼았다. 농사를 지어 먹고사는 푸근한 사람을 닮은 막돌로 기둥을 받쳤다. 산이 가까우면 산돌로, 내가 가까우면 물돌로 집을 짓고 덤벙주초를 삼았다. 그래서 한옥은 산을 닮고 물을 닮고 바람을 닮은 집이다.

한옥의 주재료는 나무와 흙, 그리고 돌이다. 돌이 시간에 젖어 몸을 다 풀어놓으면 흙이 된다. 흙은 시간과 세상의 변화를 다 품은 후의 푸근함이다. 바람도 만나고, 추위와 더위도 만나고, 비와 눈을 다 맞고서 돌은 몸을 풀어놓아 부드러워진다. 나무는 삶 전체를 일어서는 일로 시작해서 일어섬을 마치는 순간 종지부를 찍는다. 나무는 가장 가까이에 있는 흔한 소재이기도 하다. 사람은 나무에서 얻은 과일로 먹고 살고, 나무에서 얻은 공기로 숨을 쉬고, 나무의 몸까지 얻어서 집을 짓고 산다. 나무는 습도를 조절하고 온도를 조절하며 숨을 쉰다. 살아 있는 재목이다. 한옥은 전형적인 나무집으로 돌과 흙으로 구성된 집이다.

1/ **고맥이초석** 영주 부석사 무량수전. 하방이 기둥 밑 선까지 내려오게 지을 때 기둥을 고맥이초석으로 받쳐 놓기 때문에 고맥이석과 초석이 닿는 부분이 들뜨지 않는다. 자연스럽게 연결되도록 초석 자체에 양옆에 턱을 만들어 고맥이석과 높이를 맞춘 것이다.

2/ **덤벙주초** 구례 운조루. 자연석을 그대로 사용한 초석으로 자연석초석이라고도 부르는 덤벙주초이다. 기둥 밑 앉히는 부분은 자연석의 모양대로 깎아 앉히는데 이를 그렝이질이라고 한다.

3/ **돌담(돌각담)** 아산 외암마을. 막돌을 쌓아 올리고 틈새에 잔돌인 사춤돌(쐐기돌)로 끼워 쌓은 것으로 돌각담이라고도 한다.

4/ **수구** 아산 외암마을. 외암마을의 특별한 점 중 하나가 물의 이용이다. 집마다 물을 끌어들여 직접 이용하기도 하고 미관으로 이용하기도 한다. 담장에 수문을 이용하여 물의 양을 조절할 수 있게 했다.

5/ **디딤돌** 구례 운조루. 집 앞뒤에 오르내리기 좋게 놓은 돌로 전통가옥의 마루 아래, 뒷마루 아래, 뜰에 놓는다. 이 사례는 디딤돌이 아니라 디딤목이다. 마루로 올라서기 위해 기단에서 한 단을 높인 받침목인 셈이다. 세월이 속살을 다 드러내고 있다.

6/ **디딤돌** 성주 한개마을 북비고택. 높은 대청으로 올라가기 쉽도록 놓은 돌로 만든 받침이다. 북비고택의 디딤돌은 특별하게 흙과 돌로 만들고 그 위에 통나무를 사각으로 잘라 올려놓았다.

7/ **디딤돌** 경주 양동마을 서백당. 디딤돌에 올려놓은 하얀 고무신이 한옥과 잘 어울린다. 세상을 밟고 살아가는 고무신이다.

8/ **디딤돌** 북촌 청원산방. 마당을 가로질러가는 반딧불 같은 디딤돌이 징검다리처럼 놓여 있다. 비 오는 날 질퍽해진 흙에 발이 빠지지 않도록 놓은 돌이다.

● 나무들의 주거지인 숲 속에 살면서 나무로 지은 집을 짓고 사는 우리 민족은 부드럽고 하늘을 닮은 천성을 가진 사람들이다. 그래서 전통한옥은 낮은 높이로 자연과 어깨를 겨루고 보듬는 자리에 집터를 마련하고 짓는다. 바람을 들이고, 빛을 들이고, 연못을 파 물을 들인다.

안으로 들어가려면 대청을 거쳐야 하는데 대청으로 들어가는 곳에 디딤돌이 있다. 전통마을을 취재하다 보면 디딤돌 위에 가지런히 놓인 고무신과 신발이 흐뭇한 마음을 불러일으킨다. 곱고 정감이 간다. 적막이 내려앉은 마당에서 안으로 드는 곳에 마련된 디딤돌과 마당을 가로질러가는 반딧불 같은 디딤돌이 징검다리처럼 놓여 있다. 크기는 저마다 마음의 크기만큼으로 디딤돌의 거리는 자신이 가진 정情의 거리만큼 놓여 있다. 비 오는 날 질퍽해진 흙에 발이 빠지지 말라고 놓은 돌이다. 저마다 다른 모양의 돌이지만 마당에 놓은 디딤돌은 더욱 정감이 있다.

디딤돌과 댓돌

댓돌은 디딤돌과는 다르다. 디딤돌은 마루 아래에 있는 평평한 돌로 오르내리기 편리하도록 놓은 돌이다. 때로는 나무로 만들기도 한다. 댓돌은 기단의 우리말로 집을 짓기 위하여 잡은 터에 쌓은 돌이다. 집채의 낙숫물이 떨어지는 곳 안쪽으로 돌려가며 놓은 돌을 말한다. 쉽게 이용할 수 있도록 놓은 디딤돌과 반대되는 말로 걸림돌이란 말도 사용한다.

1/ **사다리형초석** 청원 이항희가옥. 초반과 운두 구분이 없이 사다리꼴로 만들었는데 18세기 이후 살림집에서 많이 사용되었다.
2/ **육모초석** 산청 남사마을 사양정사. 육모초석과 팔모초석은 정자에 쓰이는 육각, 팔각기둥을 받치는데, 고구려 유적에서는 운두 없는 팔각초석이 많이 발견되었다.
3/ **방형초석** 남한산성 행궁 정전. 주로 사각기둥에 사용했는데 원형초석에 비해 수가 적고 백제 때 쓰인 것이 많이 보인다.
4/ **원형초석** 거창 황산마을 신씨고가. 주로 원기둥에 쓰이고 궁궐, 사찰 등에 많이 사용된다.
5/ **나무초석** 보성 예동마을 이용우가옥. 고대 움집에서는 초석 없이 기둥을 세우는 굴립주 건축이 일반적이었으나, 땅속에 초석을 놓고 굴립주를 세우는 일도 있었기 때문에 초석은 오랜 역사를 지니고 있다. 나무초석은 일본의 옛 사원건축물에서 보이고 우리나라에서는 특이한 사례이다.

2/3

자연에 순응하는 한옥

기둥, 도리, 보, 대공, 전통마을

전통마을에 들어서면 사거리가 없다.
대치를 피하기 위한 선조의 마음이 담겨 있음을 알 수 있다.
삼거리를 만들어 통합하도록 하려는 의지가 담겨 있다.
기둥도 나무가 살아 있을 때처럼 위아래와
나이테 방향을 맞춰주어야 뒤틀리지 않는다.

-

왼쪽/ **툇보** 구미 채미정. 귓기둥이 천장까지 이어지는 고주여서 홍예진 툇보와 천장의 가구구성이 이채롭다.
오른쪽/ **원기둥** 안동 심원정사. 툇마루의 평주를 격조 있는 원기둥으로 했다.

● 한옥의 기둥을 세울 때 뿌리 쪽은 아래로 가지 쪽은 위로 가게 한다. 나무가 자라던 방향 그대로의 모습을 유지하면서 세워야 하기 때문이다. 나무를 거꾸로 세우거나 방향을 다르게 하면 나무가 자라던 대로 틀어져 집의 균형이 깨져 무너질 수가 있다. 사람과 비슷하다. 사람이 물구나무서서 살 수 없듯이 나무도 물구나무 세워서 집을 지으면 집이 귀신도 모르는 사이에 무너진다는 말이 있다. 그래서 나무가 자라던 모습과 자랄 때의 특성을 잘 파악해서 써야 튼튼한 집을 지을 수 있다. 가공된 나무라 할지라도 나무가 자랄 때의 성질은 일부 유지하고 있다. 나무가 자라는 방향은 나이테를 보면 알 수가 있는데 나이테가 넓은 쪽이 남쪽이다. 남쪽을 보고 자란 나무를 북쪽으로 향하게 쓰면 자라던 대로 틀어져 집에 변형이 생긴다. 다른 어느 나라보다도 유난히 목재를 집의 재료로 많이 이용한 우리 선조는 나무의 성질을 제대로 알고 집을 지었던 것이다.

기둥의 종류로는 재료에 따라 나무기둥과 돌기둥이 있고 단면형태에 따라 원기둥, 사각기둥, 육모기둥, 팔모기둥이 있다. 입면 흘림에 따라 민흘림기둥과 배흘림기둥으로 분류하고 기능적인 분류로는 평주, 고주, 귓기둥, 어미기둥, 활주, 동자주 등이 있다. 이중 귓기둥은 우리나라 건물의 모서리 추녀 쪽에 놓인 기둥으로 많은 하중을 받기 때문에 평주보다 굵게 만들고 기둥 높이도 높다. 활주는 추녀의 하중을 받아내기 위하여 놓인 보조기둥이다.

1/ **사각기둥** 괴산 김기응가옥. 기둥을 사각기둥으로 했다. 기둥은 지붕과 수직으로 놓여 지붕의 무게를 지면에 전달하는 부재이다.
2/ **원기둥** 해남 녹우당. 툇마루 앞의 평주는 원기둥으로 하고 툇마루 뒤의 고주는 사각기둥의 모를 날린 팔각기둥으로 했다.
3/ **돌기둥** 운현궁. 돌기둥으로 난간을 받치고 있다. 대원군의 위세를 볼 수 있는 기둥이다.
4/ **마룻대** 용인 장욱진가옥. 앞뒤에 용용龍과 거북귀龜 자를 써넣는데, 이는 화마火魔를 눌러 화재를 예방하고자 함이다. 또한, 이들이 장수하듯이 집도 탈 없이 오래 보존되기를 기원하는 뜻이다.
5/ **마룻대** 영덕 인량마을 충효당. 용마루가 있는 부분에 놓이는 도리를 종도리, 마루도리라 불리는 마룻대이다.

1
2
3
4
5

1/

2/

● 한옥의 기둥머리에 전후좌우 방향으로 보와 도리 부재를 올린다. 건물의 앞과 뒤에 걸치는 부재를 '보'라 하고 좌우에 걸치는 부재를 '도리'라 한다. 보는 한옥의 넓이, 도리는 한옥의 길이와 관계가 있다. 보는 기둥 위에 앞뒤로 놓여 지붕의 무게를 받아주는 역할을 하는데, 가구의 규모에 따라 쓰임이 나뉘며 위치나 모양에 따라서 다양하게 불린다.

도리는 서까래 바로 밑에 건물의 좌우 방향으로 길게 놓이는 부재다. 도리는 놓는 위치에 따라 기둥 바로 위에 놓이는 주심도리, 주심도리 안팎에 놓이는 내목도리와 외목도리, 종도리와 주심도리 사이에 놓이는 중도리로 구분된다. 단면의 모양에 따라서도 둥글게 만든 굴도리와 네모난 모양의 납도리로 나눈다. 서민집에는 주로 납도리가 쓰였고 양반주택이나 궁궐, 사찰 등 고급스러운 건물에는 굴도리가 많이 쓰였다.

어른들의 이야기 중에 동량이 되라는 말을 들은 적이 있을 것이다. 동량棟梁은 용마루 동棟에 대들보 량梁으로 용마루가 있는 부분에 놓이는 종도리, 마루도리라 불리는 마룻대와 대들보라는 뜻이다. 모두 집과 지붕을 떠받치는 중요한 부재로 대들보는 기둥과 기둥을 연결하는 가로 재인 큰 들보이고, 마룻대는 용마루 밑에 서까래가 얹혀지는 도리로 건물의 가장 중요한 부분이다. 그래서 재목도 가장 좋은 것을 사용한다. 동량은 한 나라의 살림을 떠맡고 있는 요직, 또는 요직에 있는 사람을 이르는 말로, 바로 한옥의 마룻대와 대들보를 아울러 이르는 말이다. 동량은 한 나라나 집안의 운명을 지고 나갈 중요한 사람을 비유적으로 이르는 말로 학창시절 많이 들었던 단어이기도 하다.

1/ **대들보** 경주 양동마을. 오량가로 위의 보가 종보이고 밑의 보가 대들보이다.
칠량가는 보가 세 층으로 걸리는데 대들보 위에 중보와 종보가 놓인다.

2/ **항아리보** 안동 봉정사 극락전. 보 밑의 폭을 좁히고 배걷이를 하여 처져 보이는 것을 막았다.
단면이 항아리 모양과 같아서 항아리보라고 한다.

● 나무 결구의 마지막 단계인 종도리를 올려놓음으로써 외부공사가 마무리 단계에 이르게 되는데, 이때 치르는 상량식上樑式은 비교적 성대하게 지낸다. 집짓기에 액운이 없기를 기원하는 동시에 인부들의 노고를 축하하는 의미로 토지신과 성주신, 이웃과 인부가 함께 하는 의식이다. 상량 때 올라갈 마룻대에는 앞뒤에 용-용龍과 거북귀龜 자를 써넣는데, 이는 물을 좋아하는 용과 거북을 마룻대에 모심으로 하여 화마火魔를 눌러 화재를 예방하고자 함이다. 또한, 이들이 장수하듯이 집도 탈 없이 오래 보존되기를 기원하는 것이다. 그 사이에는 무슨 년, 무슨 월, 무슨 일, 무슨 시에 상량한다는 것과 간단한 축문을 써넣는다. 이후 상량문을 낭독하고 헌주와 재배를 마치면 상량문을 봉에 넣어 입구를 밀봉하고 붉은 천에 싸서 마룻대 위쪽에 파 놓은 홈에 넣고 뚜껑을 덮는다. 의식이 모두 끝나고 나면 미리 묶어 둔 광목 끈을 목수가 잡아 올려 상량하게 된다. 간혹 개보수 과정에서 마룻대의 상량문과 함께 동전이나 반지 등이 발견되기도 하는데, 이는 훗날 자손들이 집을 고칠 때를 고려해 집에 대한 설명이 적혀 있는 상량문과 함께 보수비로 넣어 둔 것이다.

한옥 목재로 많이 사용하는 나무는 소나무이다. 소나무는 수명이 길고 목질이 뛰어나 변형이 작고 벌레를 덜 먹어 목재로서 적당하다. 나무 중에서도 우리나라 사람에게 가장 사랑받는 나무는 단연 소나무다. 소나무는 순우리말로 '솔나무', '소오리나무'라고 부른다. 모두가 '솔'을 어원으로 한다. 여기서 '솔'은 '으뜸'을 뜻하는 우리말 '수리'에서 변성한 것으로 '나무 중의 으뜸 되는 나무'라는 뜻에서 붙은 이름이다. 소나무는 나무 중에서 공의 칭호를 받는 나무이기도 하다. 소나무의 한자표기는 송松이다. 송松자는 나무 목木자 옆에 공公을 넣어 나무에 공작이라는 벼슬을 주어 특별한 대우를 하고 있다. 그만큼 소나무를 나무 중에서 으뜸으로 친다.

1/ **툇보** 거창 정온고택. 툇보나 충량은 적당히 휘어진 것을 사용하면 운치도 있고 하중을 받는 힘도 강해진다.
2/ 안동 하회마을 충효당. 오래된 한옥을 보면 겨울에 자란 나이테만 남고 여름에 쉽게 자란 나이테는 파여 사라진 것을 알 수 있다. 그 만큼 풍파를 거친 나뭇결이 더 강하다.
3/ **판대공** 담양 소쇄원. 종도리를 최종으로 받치는 대공은 나무를 수직으로 세워놓으면 수직 하중에 의해 나무가 갈라지므로 나뭇결을 눕혀서 사용한다.
4/ **화반형대공** 안동 군자마을 후조당. 종보 위에 종도리의 하중을 받는 판재에 파련을 조각한 대공이다.

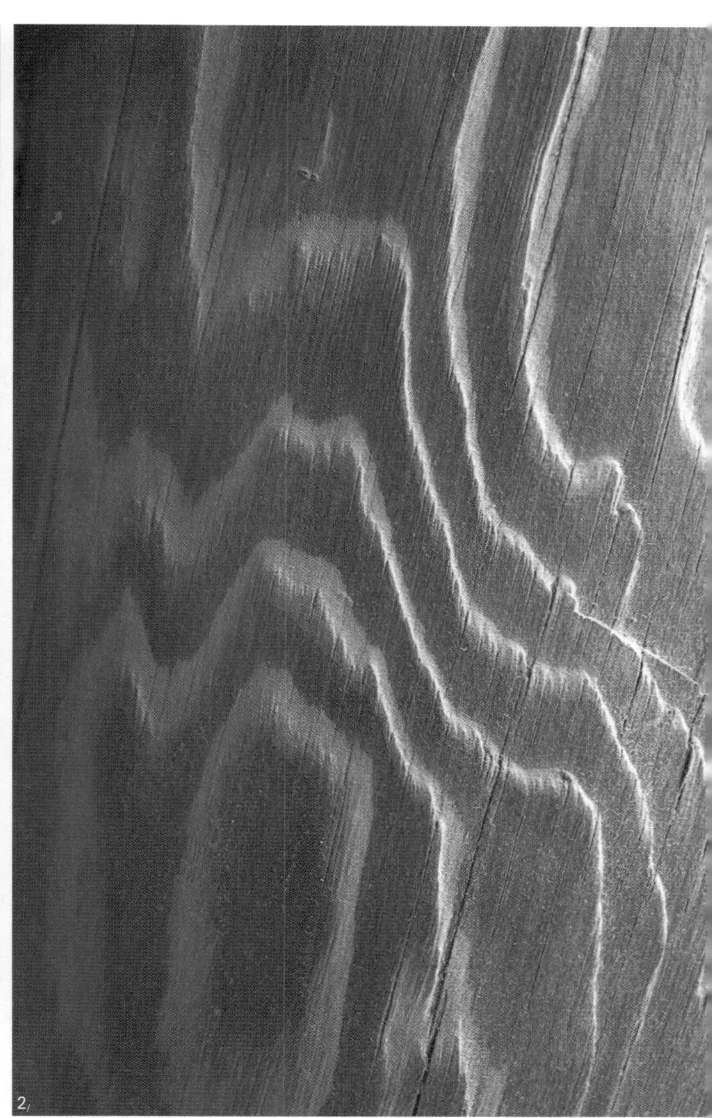

● 소나무 중에서도 금강송을 최고로 친다. 왕궁은 물론 왕이 죽으면 관을 금강송으로 했을 정도로 금강송은 일반인들에게는 꿈 같은 나무였다. 소나무 중 최고로 쳐온 금강송은 춘양목이라고도 하는데 '억지춘양'이라는 말이 나올 정도로 금강송에 대한 욕심은 컸다. '억지춘양'이란 여러 가지 정황으로 보아 역이 생길 곳이 아닌데도 금강송을 나르기 위하여 생겨난 춘양역을 빗대어 이른 말이다. 그만큼 금강송은 세인들이 가지고 싶어 하는 소나무였다. 지금은 구하기가 더욱 어려워 매우 제한적으로 사용되고 있는 실정이다.

최근에도 봉정사 극락전 복원과 경복궁 복원에 사용되어 목재 가운데 최고급품으로 인정받고 있다. 훤칠한 키를 자랑하는 나무로 빛깔 또한 윤이 난다. 나무가 빚어내는 광택은 은은하고 부드럽다. 속살처럼 뽀얀 나무로 기둥을 세우고 보와 도리를 얹은 집에서 바람을 맞으면 소나무 향에 세상은 한결 순해진다. 나무로 지은 집은 차갑지도 덥지도 않은 자연온도를 지니고 있어 어느 계절이든 사람을 넉넉하고 포근하게 받아들인다. 나무가 휘어졌으면 휘어진 대로 곧으면 곧은 대로 재목으로서 사용하는 장소와 용도가 있다. 기둥이나 보, 도리는 직선을 고집하지만 툇보나 충량은 적당히 휘어진 것을 사용하면 운치도 있고 하중을 받는 힘도 강해진다. 툇보 밑에 마루를 두면 툇마루가 된다. 툇마루에 내려앉은 그늘에서 한 여름날에는 땀을 식히고, 비가 오는 날에는 낙숫물 소리를 들으며 담장 밖을 바라보면 그리움도 슬며시 포근해진다.

오래된 한옥의 나무를 만져보면 겨울에 자란 나이테만 남고 여름에 쉽게 자란 나이테는 파여 사라진 것을 알게 된다. 오래된 나무의 무늬는 겨울 나이테가 살아온 흔적을 말한다. 그 만큼 풍파를 거친 나뭇결이 더 강하다는 것이다. 집을 오래 사용하려면 나뭇결을 잘 이용해야 한다. 특히 종도리를 받치는 대공은 판재의 나뭇결을 눕혀서 사용한다. 수직으로 세워놓으면 수직 하중에 의해 나무가 갈라질 염려가 있다. 그러므로 모든 부재는 힘을 받는 방향과 외관을 고려하여 나뭇결을 맞추어 사용해야 한다. 고풍이 남아 있는 한옥의 나뭇결에는 바람을 견디고, 한파를 견디고, 인고를 버텨온 흔적이 아름다운 꽃처럼 피어있다.

왼쪽/ **금강송** 울진 금강송 군락지. 150년 된 것부터 500여 년이 된 아름드리 금강송이 숲을 이루고 있다. 금강송은 궁의 재목이나 왕의 관으로 쓰였다.

● 한옥은 나무와의 인연을 끊을 수가 없다. 새로 지은 집에 들어가면 나무 향이 마당에서부터 그윽하다. 그 나무 향에 마음은 푸근하게 가라앉는다. 긴장보다는 넉넉한 여유가 느껴지고, 배롱나무에 꽃이라도 피거나 능소화가 주홍빛으로 피어 있으면 삶은 나비처럼 가볍고 부드러워진다. 누마루에 걸터앉아 시 한 수를 읊어도 좋다. 막걸리 한 사발 들이키며 달을 희롱해도 좋다. 새집은 새집대로 연인의 속살같이 뽀얀 나뭇결이, 묵은 집은 묵은 집대로 사내의 근육질 같은 나뭇결에 멋이 느껴지는 것이 한옥이다. 한옥은 오랜 세월과 어우러져 그 속에서 풍화되고 더욱 깊은 멋을 풍기며, 스스로 풍류가 되고 시가 되는 집이다.

우리는 자연의 원리를 적극적으로 받아들이고 그 원리에 따라 집을 지었다. 그뿐만 아니라 집을 나설 때 마당으로 나가기 전, 툇마루에 걸터앉아 신을 신으며 잠시 돌아볼 수 있는 여유도 가질 수 있다. 그래서 마루의 높이는 걸터앉기에 적당한 무릎 높이 정도이다. 나무의 순수한 마음을 우리의 길에서도 만나게 된다. 전통한옥은 집에서 바로 길로 나서는 것이 아니라 고샅을 지나서야 길로 나설 수 있다. 마음을 한 번 더 추스르라는 경계적인 여유이다.

우리의 전통 한옥마을은 저마다 특성이 있다. 물이 마을을 한 바퀴 돌아간다고 해서 물돌이, 즉 하회河回란 이름을 가지게 된 하회마을, 역사와 문화적인 인물들을 배출하고도 적막한 한개마을, 마음을 내려놓고 걸으면 좋은 돌담이 아름다운 외암마을, 천 년의 신라라 불리는 경주에 자리한 조선의 사대부 마을인 양동마을, 이런 한옥마을을 걷다 보면 한옥의 아름다움을 실감하게 된다. 역사의 숨결이 살아 있는 우리의 전통마을은 나무의 순수한 마음만큼이나 대결로 치닫는 마음을 경계하는 것을 보았다.

1/ 봉화 만산고택. 1878년 고종 15년 강용이 건립한 가옥으로 춘양목으로 지은 명가이다.
2/ 안동 하회마을. 물이 마을을 한 바퀴 돌아간다고 해서 물돌이, 즉 하회河回란 이름을 가지게 된 마을이다.
3/ 순천 낙안읍성. 넓은 평야에 축조된 성곽 안의 마을로 전통과 현대가 공존하는 생활공간이기도 하다.
4/ 고성 왕곡마을. 송지호 호수 뒤편에 자리한 왕곡마을은 19세기를 전후하여 건립된 북방식 전통한옥과 초가집이 남한에서 유일하게 밀집하여 보존된 마을로 함경도를 비롯한 관북지방에서 흔히 볼 수 있는 구조로 바람을 막아주는 높은 뒷담이 특징이다.

1/

2

● 우리의 전통마을을 걸어보면 높은 담장은 쉽게 보이지 않는다. 구부러지고 능청스럽게 휘돌아간 담장이 주는 정취는 보는 이의 마음을 정감 있고 푸근하게 감싼다. 한국의 전통마을은 각을 세우지 않는다. 그래서 전통마을에 사거리는 보이지 않고 삼거리가 있을 뿐이다. 대치와 나눔을 연상시키는 사각형의 사거리는 만들지 않았다. 대부분 길은 사거리를 피하여 하나의 지선 길이 다른 길을 만나는 삼거리 형태로 되어 있는데 이것은 화합과 만남을 의미하는 삼거리로 큰길과 만난다. 나무를 보면 알 수 있듯이 우리 전통 한옥마을의 길은 마치 나무가 가지를 펼쳐나가는 원리와 같다. 삼거리 형태를 보이며 큰 가지에서 하나씩 가지를 뻗어 나간다. 나누지 않고 훈훈한 화합을 고려한 선조의 마음이 전통마을에서 자박자박 밟힌다. 고운 심성, 부드러운 마음결이 우리의 전통에 스며 있다.

우리 전통마을에서의 중심은 원으로 그려 한가운데가 되는 물리적인 중심이 아니라 심정적인 중심이 진정한 중심이다. 한국인의 심정 속에는 사람이 사는 마을만을 마을로 보지 않고 뒷산과 마을 앞에 흐르는 시내까지를 포함해서 마을로 보았다. 그래서 종가나 사당의 경우 가장 안쪽에 자리 잡는 예를 흔히 볼 수 있다. 앞산과 뒷산까지를 다 포함해서 중심을 찾으면 자연스럽게 뒷산과 마을이 만나는 지점이 바로 경계지점의 중심이 된다. 마을에서 가장 안쪽이 중심인 것이다. 집을 보아도 가장 깊은 쪽에 자리 잡은 안채가 중심이다. 물리적이고 과학적인 중심보다는 자연과의 친화를 더 중요하게 여기는 심정적인 중심이 진정한 중심이다. 그 심정에는 인간은 혼자 사는 것이 아니라 늘 자연과 함께 호흡하고 주고받으며 공생하는 것이라는 의식이 자리 잡고 있었던 것이다.

들놀이나 산놀이, 뱃놀이 갔을 때, 들에서 음식을 먹을 때 먹기 전에 일부를 떼어내어 '고수레'라고 하며 자연 주변에 내던진다. 막걸리나 소주를 마실 때에도 마찬가지다. 주위에 있는 영혼이나 생명과 먹을 것을 함께 나눈다는 의식이다. 가을에 감을 딸 때도 몇 개는 남겨둔다. 까치밥이라고 해서 새들이 겨울에 먹을 것을 남겨놓는 의식이다. 종갓집에 가보면 종갓집 며느리는 무릎을 제대로 못 쓰는 경우를 본다. 그만큼 손님을 많이 받아서이다. 세상과 어우러지고 사람과 어우러지는 것이 전통마을의 아름다운 풍속이다. 전통마을을 걸으면 풍경도 아름답지만, 마음도 아름다운 곳이다.

1/ **사고석담장** 창덕궁 낙선재. 궁궐건물처럼 사괴석으로 쌓은 담도 있지만, 일반 서민들의 집 담장은 경계만을 표시할 정도로 낮았다.

2/ 아산 외암마을. 낮은 돌담 사이로 나 있는 길이 삼거리다. 한국의 전통마을은 대치와 나눔의 사각형을 연상시키는 사거리를 만들지 않는 훈훈함이 있다.

2/4

한옥은 세상과 소통하는 공간

집터, 추녀와 사래, 선자서까래, 담장 높이

풍수지리학은 사람이 집을 짓고 살 때 살기 좋은
터를 잡는 방법을 제시한다. 바람과 물과 땅의 원리를 터득하여
삶의 터에 적용한 학문이다. 전통마을의 집터는
자연의 흐름을 안으로 곱게 끌어안는 곳에 자리하고 있다.

왼쪽/ **마족연** 용인 장욱진가옥. 추녀에 서까래 뒷부분을 잘라서 추녀 옆에 비스듬히 붙인 마족연馬足椽이다.
오른쪽/ 영주 괴헌고택. 집터는 고려 이전부터 있는 풍수지리학에 근거해 잡았다.
일반적으로 산을 등지고 들과 내를 내려다보는 평평하고 아늑한 곳을 선택했다.

● 한국의 건축물은 은둔과 개방의 이중주를 절묘하게 이룬 공간에 터를 잡는다. 중국이나 서양의 집과 성처럼 산의 정상이나 높은 곳에 자리 잡아 권위와 위엄을 보이지 않고, 적당히 숲이나 산속으로 들어가 산과 물과 집이 함께 어우러지는 곳에 자리 잡는다. 한옥 지을 터는 반은 자연에 안기고 반은 바깥을 관망할 수 있는 곳에 자리 잡는다. 우리의 의식 속에 아늑하다는 느낌을 받는 곳을 선호하는 성향이 있다. 산에 의지하거나 물에 의지하는 터에 자리를 잡되 전체를 바라볼 수 있는 곳이 한국인이 좋아하는 집터이다. 오래된 사찰이나 전통마을을 보면 대부분 이런 곳에 터를 잡고 있다.

또한, 우리의 의식 속에는 풍수사상도 은연중 자리 잡고 있다. 풍수는 장풍득수의 약자이며, 학문적으로는 풍수지리학의 약자이다. 풍수지리학은 바람과 물 그리고 집이 자리 잡은 땅의 지기를 연구하는 학문이라는 뜻이다. 풍수에서 가장 기본적인 원리는 풍수의 원말인 '장풍득수'와 '배산임수'의 원리이다. 장풍득수藏風得水는 '바람은 가두고 물은 얻으라.'라는 뜻이다. 산에 둘려 있어 바람이 고요해지고 물은 자신을 끌어안고 흐르는 곳을 명당으로 친다. 산도 물도 자신을 끌어안은 모습이어야 좋은 터로 인정한다. 배산임수背山臨水는 뒤로는 산을 등지고 앞으로는 물이 흐르는 터에 잡는 것을 말한다. 풍수지리학은 세종 때에 정식학문으로 인정하여 관리를 뽑기도 하며 전문적인 학문의 길을 열었다.

풍수지리학을 배우기 전까지는 전설이나 허풍이 섞인 학문 정도로 치부했지만, 학문의 길로 들어선 후 놀라운 학문이었음을 깨달았다. 풍수는 자연과학이다. 운명을 알면 그 사람이 사는 곳과 조상의 음택의 형세를 알 수 있고, 마찬가지 원리로 사는 양택과 음택을 알면 사는 사람의 운명을 미리 알 수 있는 것이 풍수지리학이다. 자연은 거짓이 없다. 자신의 의지나 노력이 중요하지만, 풍수에 의하여 좋은 터가 있음을 보았다. 풍수의 종류는 크게 세 가지로 나눈다. 죽은 사람의 묘터를 공부하는 음택풍수, 산 사람이 사는 집터를 연구하는 양택풍수, 사람들이 모여 사는 마을이나 도시의 터를 연구하는 양기풍수가 있다. 고려의 개성과 조선의 한양도 풍수의 원리에 의하여 정한 도시였다. 한옥도 풍수의 원리를 반영하여 지으려 노력했다.

1/ 봉화 닭실마을. 풍수에서 가장 기본적인 원리는 풍수의 원말인 '장풍득수'와 '배산임수'의 원리이다. 장풍득수藏風得水는 '바람은 가두고 물은 얻으라.'라는 뜻이고 배산임수背山臨水는 뒤로는 산을 등지고 앞으로는 물이 흐르는 터에 잡는 것을 말한다.

2/ 남원 몽심재. ㄷ자형의 안채에 사랑채와 중문채가 ㅡ자형이 복합되어 부설된 듯이 보이나, 산곡山谷의 폐쇄형 ㅁ자형이라고 보는 것이 타당하다. 뒷산이 낮으면 기단을 낮추어 짓고, 뒷산이 높으면 기단을 높여 지붕 위로 보이는 산이 적당하도록 조정했다.

● 이중환의 『택리지』의 「복거총론」에 사람이 살기 좋은 터에 대해 이렇게 적고 있다.

대저 삶의 터를 잡는 데는 첫째 지리地理가 좋아야 하고, 둘째 생리生利가 좋아야 하며, 셋째 인심이 좋아야 한다. 그리고 아름다운 산과 물이 있어야 한다. 이 네 가지에서 하나라도 모자라면 살기 좋은 땅이 아니다. 그런데 지리는 비록 좋아도 생리가 모자라면 오래 살 곳이 못 되고, 생리는 비록 좋더라도 지리가 나쁘면 이 또한 오래 살 곳이 못 된다. 지리와 생리가 함께 좋으나 인심이 착하지 않으면 반드시 후회할 일이 있게 되고, 가까운 곳에 소풍할 만한 산수가 없으면 정서를 화창하게 하지 못한다.

풍수지리학을 이야기하면서 지리地理는 당연하고 산과 물 또한 당연하지만, 이중환은 이외에 생리와 인심이 중요함을 설파했다. 인심이야 사람 사는 넉넉한 마음을 이야기하지만 생리라는 말은 생소하다. 이중환은 생리에 대해 이렇게 말한다.

사람이 세상에 태어나서 이미 바람과 이슬을 음식 대신으로 삼지 못하고, 깃과 털로써 몸을 가리지 못하였다. 그러므로 사람은 자연히 입고 먹는 일에 종사하지 않을 수 없다.

먹고 사는 일에 필요한 것들을 말한다.

한옥은 만남의 장소이다. 자연과 사람이 둘이 아니라 하나로 만나고, 물과 바람이 서로 밀어내지 않고 만나는 곳에 한옥이 있다. 그래서 산을 등지고 물을 끼고 마을이 들어선다. 집안에 우물이 있으면 더없이 복된 집터였다. 한옥의 규모는 그리 크지 않지만, 확대를 지향한 까닭에 예사롭지 않은 넓은 마음의 품을 가졌다. 자연을 끌어안음이 나무랄 데가 없이 후하다. 한옥에 드리운 자연주의는 세계 제일이라고 해도 지나치지 않는다. 인위의 상징적인 건축물이지만 한옥에서는 유독 자연주의가 넉넉하게 자리 잡고 있다.

1/ 영주 부석사. 산에 의지하거나 물에 의지하는 터에 자리를 잡되 전체를 조망할 수 있는 곳으로 아늑하다는 느낌을 받는 곳이 한국인이 좋아하는 집터이다.
2/ **처마** 안동 심원정사. 처마는 지붕이 도리 밖으로 내민 부분으로 낙숫물이 가지런하게 떨어지는 곳이기도 하다.
3/ **처마** 남산 한옥마을. 홑처마 끝에 나란히 청사초롱이 걸려 있다. 푸른 구름무늬를 몸체로 삼고 위에 붉은 천으로 옷을 한 등으로 원래는 궁중에서 왕세손이 사용하거나 일반인들의 혼례식에만 썼으나, 현재는 전통문화 행사에 두루 쓰인다.
4/ **알추녀** 창덕궁 낙선재. 홑처마로 추녀 밑에 받침 추녀인 알추녀를 달아 추녀를 조금 더 뺄 수 있어 처마가 깊어졌다.

● 집터를 고르면서 산의 형세를 까뭉개지 않는다. 경사가 졌으면 그 경사를 그대로 받아들여 집을 짓는다. 지형을 고루고루 나누어서 안채면 안채가 가진 특성을 고려하여 집을 짓고, 사랑채는 사랑채가 가진 지형과 산세에 맞게 지었다. 터의 모양새와 위계에 의하여 행랑채·사랑채·안채·사당으로 구분하여 짓는다. 각각 독립된 공간에 채별로 가지고 있는 기능적인 특성과 이를 전체적으로 아우르며 화합을 중시하여 짓는 집이 한옥이다.

한옥은 높이 짓지 않고 뒷산이 보이도록 한다. 뒷산이 높으면 집터에 단을 높게 쌓아 산과 지붕이 어우러지도록 맞추고 산이 낮아 가려질 것 같으면 집터를 낮게 다듬어 산이 보이도록 한다. 어느 것도 특별하게 모나지 않도록 배려하는 집이 한옥이다. 한옥은 모자란 놈은 모자란 데로 배려하고, 잘난 놈은 잘난 데로 끌어안아 다 같이 평화를 이룬 집이다. 처마 밑에 제비집을 짓도록 받침대를 대주는 마음과 추녀 밑에 풍경을 달아 하늘과 산이 바람을 만나 화합하는 모양을 갖추게 하는 집이 한옥이다.

처마와 추녀는 다르다. 둘 다 외부공간이나 처마는 지붕이 도리 밖으로 내민, 즉 낙숫물이 가지런히 떨어지는 부분이고, 추녀는 지붕 모서리로 처마 네 귀의 귓기둥 끝이 45도 방향으로 위로 번쩍 들린 큰 서까래 또는 그 부분의 처마를 말한다. 맞배지붕에는 추녀가 없고, 팔작지붕과 우진각지붕에는 있다. 추녀는 한옥이 마무리되는 곳이라고 할 수 있다. 추녀에 서까래를 부챗살 모양으로 깎아대는 것을 선자연扇子椽이라고 하는데, 목수의 역량을 짐작할 수 있는 까다로운 작업이다. 서까래 뒷부분을 잘라서 추녀 옆에 비스듬히 붙인 마족연馬足椽도 있다. 서까래 뒷부분이 말발굽처럼 생겼다 하여 말굽서까래라고도 한다.

한옥은 공간을 무한 확대하는 집이다. 내부에서 머물지 않고 산과 물이 지형과 어울리게 짓고, 외부 풍경에 적극적으로 대처하는 모습을 볼 수 있다. 지붕의 높이를 산의 높이에 맞게 조정하듯 담장의 높이도 가능한 한 낮추어 앞에 펼쳐진 들과 먼 산을 바라볼 수 있도록 한다. 외국의 경우처럼 담장을 높게 하지 않는 이유는 자연풍광을 집안에서 편하게 감상할 수 있게 배려한 것이다.

1/ **추녀와 사래** 덕수궁 중화전. 추녀는 지붕을 만들 때 가장 먼저 거는 부재로 주심도리와 중도리 위 지붕 모서리에 45도 방향으로 놓이고 부연이 있는 겹처마는 부연 길이만큼 추녀가 하나 더 걸리는데 이를 사래라 한다.

2/ **선자서까래** 봉화 만회고택. 처마 모퉁이 추녀 옆에 부챗살 모양으로 나란히 배치한 서까래로 개수는 건물에 따라 다르지만 보통 12-15개 정도 걸리는데 아주 치밀한 계산이 필요하다.

3/ **선자서까래** 안동 병산서원. 추녀에 서까래를 부챗살 모양으로 깎아대는 것을 선자연扇子椽이라고 하는데 목수의 역량을 짐작할 수 있는 까다로운 작업이다.

4/ 성주 한개마을 교리택. 담장은 앞에 펼쳐진 들과 먼 산을 바라볼 수 있는 높이로 하여 집안에서도 자연풍광을 편하게 감상할 수 있도록 했다.

2/ 4 한옥은 세상과 소통하는 공간: 집터, 추녀와 사래, 선자서까래, 담장 높이

天燈山鳳停寺

3

우주의 울림을 일깨우는 한옥

●

3/1 전체의 조화를 위하여 부분을 파괴한 슬기: 배흘림과 민흘림, 귀솟음, 안쏠림, 안허리곡 3/2 지붕곡의 아름다움과 기능성을 더한 지붕: 처마곡, 지붕마루, 보첨, 송첨, 눈썹지붕, 가적지붕 3/3 한옥의 여유와 자연주의: 불국사, 그렝이 기법, 돌쌓기

3/1

전체의 조화를 위하여 부분을 파괴한 슬기

배흘림과 민흘림, 귀솟음, 안쏠림, 안허리곡

●

한옥의 위대함은 부분을 허물어 전체의 조화와 균형을 이끌어내는 데 있다.
건물의 뒤에 산이나 다른 큰 건물이 있으면
기울어 보이는 것을 막기 위해 용마루의 높이를 조절한다.
현대건축 공학에서도 상상 못하는 과학 위의 인본적인 집이 한옥이다.

–

왼쪽/ **안허리곡** 합천 해인사. 두 겹처마 사이로 확연한 안허리곡이 보인다.
오른쪽/ **배흘림기둥** 영주 부석사 무량수전. 배흘림기둥은 중동에서 발달해 유럽으로 넘어간 기법으로 세계적으로 많이 이용되는 건축기법이다.
멀리서 보면 기둥의 가운데 부분이 가늘어 보이거나 끊어져 보이는 착시현상을 보완하기 위하여 가운데 부분을 볼록하게 만들었다.

● 하늘의 마음을 알면 가능한 일을 한옥에서 볼 수 있다. 부분을 파괴하여 한옥 전체가 더욱 조화롭고 아름답게 하는 장인정신이 그렇다. 하늘의 마음을 알아야 우주의 마음을 들일 수 있는 것이다. 한옥의 여러 곳에서 기발하고 뛰어난 발상을 가진 건축기법을 찾아볼 수 있다. 많이 알려진 기법으로 배흘림이 있다. 배흘림의 발원지가 이집트와 중동으로 알려졌고 그리스나 이탈리아에서 더욱 발전시켜 건축물에 채용한 건축기법이다. 착시현상을 바로잡으려는 방법으로 멀리서 건물을 바라보면 둥근 원기둥의 한가운데가 가늘어 보이는데, 언뜻 보면 가운데 부분이 들어가 끊어질 듯한 착각을 보완하기 위하여 가운데 부분을 두툼하게 만들어서 시각적인 안정감을 주는 방식이 배흘림이다. 배흘림기둥은 기둥 아래에서 1/3부분을 굵게 하는 기법으로 넉넉하고 듬직한 느낌이 들게 한다. 우리나라에서는 부석사 무량수전의 기둥이 대표적인 배흘림기둥이다. 배흘림은 곡선을 받아들이고 배흘림에 대비되는 민흘림은 직선을 받아들였다. 민흘림기둥은 아랫부분부터 위로 올라가면서 가늘어지는 기둥으로 기울기는 1/10 정도로 하는 것이 일반적이다.

그리고 모퉁이에 있는 기둥은 하늘을 배경으로 했을 때 착시현상으로 더 가늘어 보이므로 안쪽에 있는 기둥보다 일부러 더 굵게 만들어 세웠다. 기둥과 기둥 사이를 더 좁게 하여 전체의 조화를 꾀하는 통합의 묘를 발휘하기도 했다. 서양건축은 여기까지가 전부이다. 그러나 우리 전통건축에는 이러한 기술이 여러 곳에 더 숨어 있다. 방법과 표현도 다양하다. 그만큼 우리의 건축기술이 높은 경지에 있었음을 의미한다. 겹처마는 원형서까래와 방형 서까래로 균형을 맞추고 처마곡은 직선으로 하지 않고 만유인력으로 만들어진 현수곡선으로 처리했다. 우리 문화의 특질은 부분과 전체의 화합, 그리고 서로 다른 것을 절묘하게 조화시키는 데 있다.

1/ **배흘림기둥** 강릉 객사문. 전형적인 고려 말기의 주심포식 건물로 우리나라에 남아 있는 것 가운데 가장 뚜렷하게 배흘림 기법으로 가공된 것이다

2/ **민흘림기둥** 봉화 닭실마을 석한재. 민흘림기둥은 아랫부분부터 위로 올라가면서 기둥이 가늘어지는 기둥으로 기울기는 1/10 정도로 하는 것이 일반적이다.

3/ **민흘림기둥** 담양 고재선가옥. 기둥 하부가 상부보다 굵은 사선 흐름을 갖는 기둥으로 주로 각모양의 네모기둥에 쓰였다. 전국에 있는 많은 한옥에서 볼 수 있다.

4/ **귀솟음** 창덕궁 연경당. 바깥쪽에 있는 기둥을 안쪽의 기둥보다 높게 만들어서 중앙에서 바라볼 때 멀리 있는 지붕의 양 끝이 처져 보이는 착시를 줄였다.

1/

2/

3/

4/

3/ 1 전체의 조화를 위하여 부분을 파괴하는 슬기: 배흘림과 민흘림, 귀솟음, 안쏠림, 안허리곡

鳳凰山浮石寺

● 바깥쪽에 있는 기둥을 안쪽의 기둥보다 높게 만들어서 중앙에서 바라볼 때 멀리 있는 지붕의 양 끝이 처져 보이는 착시를 줄이려는 방법으로 귓기둥 쪽으로 갈수록 높아졌다 하여 '귀솟음'이라고 하는 기법이다. 기둥 위에 놓이는 부재의 치수까지 미세하게 조절해야 하므로 고도의 기술이 필요한 기법이다. 한옥을 아름답게 하는 중요한 요소 중 하나이다. 건물 가운데에서 추녀 쪽으로 갈수록 기둥 높이를 높게 하여 기둥 상부의 선은 추녀가 있는 곳이 가장 높다. 건물이 무겁지 않게 느껴지며 날개라도 단 듯이 가벼워 보이도록 하는 기법이다. 추녀 쪽에 세워진 기둥을 조금 더 높게 설치하는데 이를 귓기둥이라고 한다. 귀퉁이에 세워진 기둥이란 뜻이다. 우리말은 자연스럽게 이해되는 언어다. 생긴 대로 표현되고, 발음이 쉬운 데로 만들어졌다. 어느 나라 언어에서나 볼 수 있는 기본적인 특성이지만 우리 민족에게 우리의 언어는 우리의 심성에서 우러나와 자연스럽고 쉽다. 한옥을 짓는 장인의 마음도 마찬가지일 것이다. 이 땅의 바람결, 물결, 숨결을 받아들이고 사는 사람들이라 한국인의 자연관을 그대로 몸과 마음에 지닌 사람들이다.

한국인의 마음을 그대로 재현해낸 것이 전통한옥을 짓는 장인의 기술이다. 추녀의 끝 부분은 살짝 들어 올려 한복의 버선코처럼 고운 선으로 마무리한다. 중국의 추녀곡은 과장되게 감아올렸고 일본은 직선에 가깝다. 우리의 추녀곡은 살짝 들어 올려 가볍게 느껴지도록 했다. 멀리서 한옥을 바라보면 양 끝이 처져 보이는 현상을 바로잡으려는 방법이기도 하고 미학을 고려한 선이기도 하다. 하지만 멀리서 보면 처마곡은 일직선으로 보인다. 살짝 들린 추녀에 풍경을 메달면 바람을 맞이하고 보내면서 청량한 풍경소리를 만들어 낸다. 그 소리와 어우러진 한옥의 추녀 끝 하늘은 유난히도 곱게 느껴진다.

1/ **안쏠림** 안동 군자마을 후조당. 건물이 벌어져 보이지 않도록 하려는 방법으로 기둥의 윗부분을 조금씩 중앙 쪽으로 쏠리게 하는 방법으로 오금법이라고도 한다.

2/ **겹처마** 영주 부석사 범종각. 겹처마는 처마의 형상을 중요시 하는 한국건축에서 서까래를 길게 하면 처마가 낮아져 남중고도에 의한 채광採光과 건물 외관이 나빠지므로 처마를 위쪽으로 올라가게 한 환경적 배려와 멋을 고려한 구조이다.

● 우리의 건축술은 내면을 들여다보면 더욱더 뛰어나다는 것을 알 수 있다. 한옥을 짓는 장인의 능력은 전체를 아우르는 데 있다. 하늘을 받아들인 마음처럼 집 짓는데 자연스러운 균형을 끌어들였다. '안쏠림'이다. '안쏠림'은 기둥을 수직으로 세우면 가운데에서 바깥쪽으로 갈수록 기둥 위쪽이 벌어져 보인다. 이를 바로 잡으려는 방법이다. 이 또한 착시현상을 보완하기 위한 방법의 하나인데 바깥쪽의 기둥을 살짝 안쪽으로 기울게 세운다. 이를 '안쏠림 또는 '오금법'이라고 한다. 원칙적으로 안쏠림은 모든 기둥에 적용하며 건물 가운데에서 바깥쪽으로 갈수록 안쏠림을 점차 크게 해주어야 한다.

한옥은 아름다운 선이 중심적인 역할을 한다. 과장되지도 않고 단순한 직선을 고집하지도 않은 중간지점에 부드러운 곡선이 살포시 매듭을 짓는 모습이다. 전통한옥을 짓는 공법 중에 '앙곡仰曲'이라 불리는 기법이 있다. 앙곡을 그대로 풀면 우러르는 모습으로 휘어진 상태를 말한다. 추녀 끝에서 치켜 올라간 모습을 뜻글자로 표현했다. '조로'라고도 한다. 앞서 설명한 '귀솟음'과는 조금 다른 개념이다. 귀솟음은 추녀 끝 부분을 살짝 들어 올린 것을 말하고 '앙곡'은 처마 선부터 추녀까지 전체적으로 완만한 곡선을 주어 양 끝, 곧 추녀 부분이 처져 보이는 현상을 바로잡으려는 방법이다. 귀솟음은 미학적인 면을 고려한 교정이고, 앙곡은 시각적인 착시현상을 교정하려는 방법이다. 비슷한 공법이지만 다른 우리 민족만의 특성이 있는 건축기법이다.

'안허리곡' 또는 '후림'이라는 건축기법도 있다. '후림'이라는 말은 깎아낸다는 우리 고유의 언어이고 '안허리곡'은 사람의 허리 부분이 들어간 것을 표현한 단어로 같은 의미가 있다. 지붕을 위에서 바라보면 직사각형이나 정사각형이 아니라 네 면이 안으로 파여 들어갔다. 반대로 밑에서 처마를 바라보면 양 끝, 즉 추녀 끝이 건물 바깥쪽으로 더 나가 있음을 보게 된다. 앙곡과 후림도 우리 눈의 착시현상을 바로 잡아주기 위한 건축기법이다. 한옥의 건축기법은 아주 세밀한 부분까지도 소홀히 하지 않고 우리 민족이 좋아하는 고유한 선의 아름다움을 만들어 냈다.

오른쪽/ **처마곡** 창덕궁 부용정. 추녀가 연속되어 색다른 아름다움을 준다. 겹처마로 서까래의 단면이 원형인 데 비하여 부연은 역逆사다리꼴의 단면 형상을 취하고 있으며, 부연의 끝 마구리는 안쪽으로 비스듬히 깎여 있다. 서까래와 부연이 대조를 이루면서도 조화를 이룬다. 대립과 조화의 모습을 보이면서 전체의 화합을 이루는 한옥이 아름답다.

1/

2/

3/

4/

● 앙곡이나 안허리곡 그리고 귀솟음이라는 건축기법은 선에 대해 애착을 보이고 있는 우리 고유특성의 발현이다. 우리 민족은 직선을 즐기지 않는다. 가파른 직선과 곡선 사이의 완만한 곡선을 선택하고 있다. 언뜻 보면 알 수 없을 정도의 곡선이지만 그것에 비밀스러운 충족이 들어 있다. 휨이 전체를 위하여 완성되게 하는 원리인데 부분적인 파괴로 전체의 화합을 완성하는 것이 한민족의 선에 대한 감각이다. 한국적인 선은 끝 부분에서 마무리되는 절제의 미학을 가졌다.
중심부분이나 중간 부분에서는 선의 변화가 작아 눈치를 채지 못하지만,
끝 부분에서 부드럽게 곡선을 끌어안으며 매듭을 짓는다. 지붕곡과 추녀 끝이 그렇고 버선코와 한복의 소매부분의 선과 목 부분에 붙이는 동정의 아랫부분의 선이 모두 같은 곡면을 가졌다. 긴 도포 자락 하단의 선도 같은 곡면으로 만들어졌다.
한 나라의 문화는 사는 사람의 마음과 환경과 정서가 만나 정착되는 공감의 무대이다. 한옥은 우리 산하의 바람결과 사람들의 마음결이 만나 만들어낸 선이다.
어느 순간 어떤 사람의 발상으로 만들어진 것이 아니라 오랜 세월, 이 땅에 살아오면서 산과 물이 만들어내는 흐름을 체화해서 만들어진 것이 우리의 선이다.
산 능선과 물의 구비를 닮아있음을 문득 보게 된다.

1/ **겹처마** 덕수궁 석어당. 이 건물은 현존하는 유일한 중층건물이며, 처마는 상하층 모두 겹처마이다.
궁궐건축이지만 권위주의 형식을 벗어난 민간건물의 성격을 띠고 있다.
2/ **앙곡** 대전 동춘당. 한옥의 처마 곡선을 입면에서 볼 때 양쪽의 추녀 쪽이 휘어 올라간 것을 말한다.
긴 처마와 기와지붕 때문에 육중해 보이는 지붕의 무게감을 줄이고 날렵하게 보이도록 하는 고도의 건축기법이다.
3/ **안허리곡** 국민대 명원민속관. 지붕 위에서 내려다볼 때 추녀 쪽이 길게 되어 중심부분이 안으로 휘어 들어간 것을 말한다.
4/ **처마곡** 안동 봉정사 만세루. 건물 가운데에서 추녀 쪽으로 옮겨갈수록 처마가 높아지는데 추녀가 있는 곳이
기둥 상부의 선이 가장 높다.

3/2

지붕곡의 아름다움과 기능성을 더한 지붕

처마곡, 지붕마루, 보첨, 송첨, 눈썹지붕, 가적지붕

●

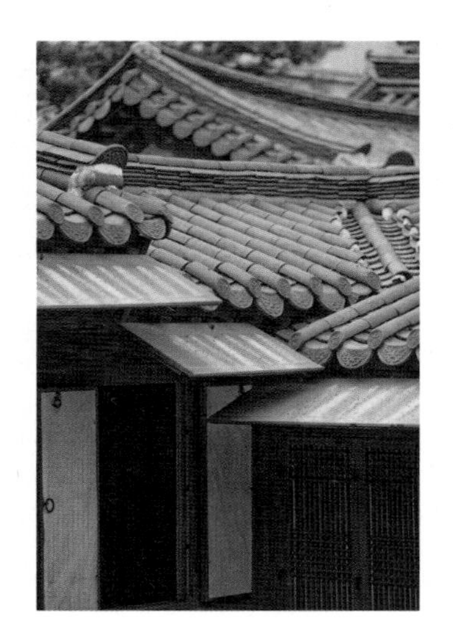

한옥의 용마루, 내림마루, 추녀마루는 언뜻 보면 직선처럼 보이지만
실제는 곡선이다. 용마루는 一자 모양이나 실측을 해보면
양 끝이 높고 중앙부분은 낮게 현수곡선으로 시공되어 있다.
부분의 보정을 통해 전체의 아름다움을 만들어내는 훌륭한 건축물이 한옥이다.

–

왼쪽/ **보첨** 운현궁. 지붕의 높이를 고려하고 물이 흘러내리는 층위를 잘 받아내도록 고안한 장인의 정성이 보인다.
오른쪽/ **눈썹지붕** 함양 아름지기한옥. 한옥에 눈썹을 붙인 것처럼 보여서 붙여진 이름이다. 처마 아래에 예쁘장한 처마를 덧달았다.

● 우리의 전통건축기법은 선에 대해 많은 관심과 정성을 쏟고 있다. 한옥에서 아름다운 선이 돋보이는 부분은 지붕곡과 처마곡이다. 한옥의 처마곡은 건물의 입면에서 볼 때 처마의 양 끝이 올라가 보이도록 한 앙곡과 지붕을 위에서 내려다볼 때 추녀의 모서리 부분이 튀어나오면서 이룬 안허리곡이 합쳐져 이루어진 곡이다. 또 다른 하나의 아름다운 선이 드러나는 곳은 지붕곡이다. 지붕곡도 얼핏 보면 일직선 같으나 자세히 보면 우리 민족이 가진 곡선이 숨어 있음을 알 수 있다.

지붕의 외곽을 구성하고 있는 선을 지붕마루라 한다. 지붕마루는 용마루와 내림마루, 추녀마루로 이루어져 있고 이와 관계가 있는 것이 앙곡, 후림, 귀솟음 기법이다. 이 추녀마루와는 별도로 용마루와 내림마루는 독립적인 선을 갖는다. 외관상으로는 직선이지만 가만히 내면을 들여다보면 이 또한 모두 곡선으로 이루어져 있다. 한국의 건축기법은 보이는 것이 전부가 아니라 감춰진 이면에 장인들의 철학이 담겨 있다. 이 철학이 한민족의 근성과 민족성을 대변하는 기법들이다. 직선처럼 보이지만 실질적으로는 곡선인 것이 한국 전통건축의 선이다. 용마루는 지붕에서도 가장 높은 곳을 말한다. 용마루가 一자 모양이지만 자세히 실측을 해보면 용마루의 양 끝은 높고 중앙부분은 낮게 현수곡선으로 시공되어 있다.

우리 건축에서만 볼 수 있는 놀라운 점 중 하나는 지붕의 높이를 다르게 시공한다는 점이다. 다른 어느 나라에서도 적용되지 않는 방법이며 현대 건축물에서는 용납되지 않는 방법이다. 과학적인 수치에 매달려 사람 눈이 가진 이상현상을 잡아내려는 과학 그 위에 자연과의 조화를 생각해내지 못하기 때문이다. 우리의 전통기법에는 이러한 점을 적극적으로 받아들였다. 지붕의 양쪽 끝의 높이를 다르게 시공하는 것은 과학 보다 한 수 위에서 세상을 이해하고 있는 혜안의 선택이었다.

1/ **용마루** 안동 병산서원. 용마루의 지붕곡은 가파른 곡선과 직선 사이의 완만한 곡선을 선택하고 있다. 휨이 전체를 위하여 완성되게 하는 원리인데 부분 파괴로 전체의 화합을 완성하는 것이 한민족의 선에 대한 감각이다.

2/ **지붕곡** 고령 개실마을 점필재종택. 한옥은 전체의 조화를 위하여 오른쪽과 왼쪽의 높이에 다른 차이를 두고 있다. 뒷산의 모양에 따라 한쪽을 높이거나 낮추기도 하고 다른 지붕과 만났을 때 착시현상을 바로잡기 위해서 지붕곡의 높이를 교정하기도 한다.

1/

2/

3

4/

5/

● 근년에 시공된 강화의 학사재를 지으면서 그 과정을 기술한 『한옥 살림집을 짓다』에서 보면 용마루 양쪽 끝의 차이가 무려 2자 정도 된다고 한다. 그래야 비로소 수평으로 보였다고 한다. 우리의 눈이 정확하지 않은 착시현상 때문이다. 뒤에 있는 건물이나 산의 돌출로 지붕의 높이가 다르게 보이는 것을 바로 잡으려는 방법이다. 뒤에 산이 한쪽에는 있고 없고에 따라서 다르기도 하고, ㄱ자로 꺾인 한옥에서는 꺾인 부분과 一자 부분의 높이가 서로 다르게 보인다.

중앙과 용마루 양단의 높이도 마찬가지이다. 가운데 부분이 낮고 양 끝 부분이 높다. 역시 처져 보이는 착시현상을 바로 잡기 위해서이다. 용마루 양단의 높이가 실제 높이로는 기울어져 보여 보정을 한 후에 용마루 선을 바로잡는다. 양단에서 밧줄을 잡아당겨 적당한 기울기를 찾아내는 작업이다. 이를 교정하는 것은 오랜 숙련공만이 해낼 수 있는 고도의 기술이다. 수치로 세상을 사는 것이 아니라 우리의 몸과 세상이 요구하는 것을 들어줄 줄 아는 안목이 필요한 것이 전통한옥을 짓는 일이다.

서양의 도면이 수치상으로 정확하지만, 수치대로 짓는 것은 일차적인 방법이고 상황에 따른 융통성을 주는 전통한옥이 고차원적인 건축기법이다. 내림마루도 마찬가지 원리에 의해서 곡률을 조정한다. 경험에서 우러나온 경륜과 실제 일어나는 상황을 정확하게 예측하여 보정을 하는 것이 전통한옥의 건축술이다.

가정학과를 나온 엄마가 아이를 기를 때 학교에서 배운 대로 우유의 양과 기저귀를 갈고 잠을 자는 시간 등을 정확하게 지키며 키웠다고 한다. 잘 자라야 할 아이가 자주 아프고 통통하게 살이 붙어야 할 아이가 마르기만 했다. 친정 엄마가 찾아왔다가 아이를 그렇게 키우면 못쓴다며 아이가 원하는 대로 해주라고 가르쳤다. 울면 기저귀를 갈아주거나 젖을 주고, 아이가 자고 싶을 때 자게 내버려 두라고 해서 그렇게 했더니 아이가 건강해지고 살이 통통하게 올랐다고 한다. 모든 상황이 다르고 그 다른 상황에 맞게 적응력을 보여야 하는 것이 진정한 장인이다. 원칙이 없는 것이 아니라 원칙이 있으 되 그 위에 고단수의 적응력을 발휘하는 것이 진정한 장인의 정신이다.

1/ **지붕마루** 국민대 녹약정. 정면 2칸, 측면 1칸의 누마루로 용마루, 내림마루, 추녀마루로 구성된 지붕마루의 모습이다.
2/ **지붕마루** 합천 해인사. 팔작지붕의 지붕마루는 종도리 위에 도리 방향으로 길게 만들어지는 용마루, 합각의 사선으로 내려오는 내림마루, 추녀 위 추녀마루로 구성한다.
3/ **보첨** 제주 성읍마을 한봉일가옥. 사람이 출입을 위하여 들고나는 곳에 햇빛 가리개 용도로 이엉으로 엮은 차양시설을 했다. 비바람이 거칠게 불면 보첨을 받친 바지랑대를 치우고 밑으로 내려오게 하여 비바람을 막아준다.
4/ **보첨** 운현궁. 구리판으로 위를 덮고 끼웠다 뺐다 할 수 있는 보첨을 하였다.
5/ **눈썹지붕** 거창 정온고택. 전면과 좌우 삼면에 처마 아래로 다시 처마를 덧대고 눈썹지붕을 달아 한껏 멋을 부렸다. 지붕 용마루 밑에도 작은 눈썹지붕을 달았다. 장식적인 효과도 있고 용마루에서 흘러내린 빗물로 지붕이 상하는 것을 막아주는 역할을 한다.

● 전통한옥을 짓는 법에는 장인에게 주어진 높은 경지의 숙련된 기술을 인정하는 부분이 있다. 한옥이 가진 깊이가 세상의 마음을 읽었다는 것은 여기에서 기인한다. 한옥은 같은 집이 한 집도 없다고 한다. 주인이 가지고 싶은 집이 다르고 장인의 의도가 조금씩 다르게 나타나기 때문이다.

도도한 정신의 소유자가 장인이다. 또한, 장인은 창조적인 사람이다. 장인은 한옥의 전통을 지켜온 사람이기도 하지만 한옥을 재창조해 진화시켜온 사람이기도 하다. 장인에게 융통성을 부여하는 자연스러운 건축술이 전통한옥이다. 장인을 믿기 때문이기도 하지만 특수성을 고려하고 우리가 맞는다고 생각하는 것이 종종 오류를 가져다주는 것을 경험적으로 확인할 수 있었기 때문에 장인에게 교정권을 주었다. 더불어 장인의 창조적인 세계를 인정해주는 풍토가 특별한 한옥을 탄생하게 한 요인이기도 하다.

전통한옥에서도 상황에 맞게 적응하려는 방법으로 개발한 부수적인 방법이 있다. 드물지만 특유의 모습을 한 것들이 있다. 보첨, 송첨, 가적지붕, 눈썹지붕이다. 보첨補簷은 비바람을 가리기 위하여 설치하는 것으로 제주도에는 여름을 나기 위해 만든 가림막이 있다. 제주도는 가난하고 척박한 곳이었다. 농사지을 땅도 부족했고, 목재도 구하기가 쉽지 않았다. 제주도 민가는 이래도 될까 싶을 만큼 단순하고 거칠다. 우리 전통한옥의 중심에서 벗어나 있는 것이 서민의 주택인데 제주도는 더욱 그렇다. 제주도의 민가는 대부분 초가집으로 처마는 짧다. 사람이 출입을 위하여 들고나는 곳에 햇빛 가리개 용도로 이엉으로 엮은 차양시설을 했다. 비바람이 거칠게 불면 보첨을 받친 바지랑대를 치우고 밑으로 내려 비바람을 막아준다. 제주도의 보첨은 거친 환경을 이겨내기 위한 고육지책苦肉之策의 하나였다. 반면, 운현궁은 고급스러운 소재인 구리판으로 위를 덮고 끼웠다 뺏다 할 수 있는 보첨을 했는데 길게 빼고 보첨을 하여 위엄과 풍모를 갖추고 있다.

송첨松簷은 소나무 가지로 이은 처마로 생활의 필요에 의한 것이기도 하지만 풍류와 운치를 위하여 마련했다. 재료는 생솔가지를 엮어서 처마 끝에 잡아매면 소나무 그늘에 앉아 있는 듯한 느낌이 들게 되고 햇볕도 가리게 된다. 멋을 아는 사대부 양반집에서 품위 있는 처마의 연장시설이었다.

1/ **눈썹지붕** 화순 양동호가옥. 상시로 실용적인 사용을 위한 방법으로 붙박이 보첨시설을 한 지붕이다.
2/ **눈썹지붕** 산청 단계마을. 맞배지붕 밑에 눈썹지붕을 만들어 빗물이 들이치는 것을 막았다.

1/

2/

● 상시로 실용적인 사용을 위한 방법으로 붙박이 보첨시설을 한 눈썹지붕이 있다. 한옥에 눈썹을 붙인 것처럼 보여서 붙여진 이름이다. 처마 아래에 예쁘장한 처마를 장식용으로 덧단 모양이다. 여인이 화장하기 위하여 눈썹을 붙이는 것처럼 눈썹지붕은 한옥에서 덤으로 얻은 행복과 같다. 비를 피하고 여름에는 햇볕도 가려주며 모양새 또한 곱다. 그늘을 만들고 비를 피할 수 있는 공간으로 더 크고 확실하게 해 놓은 것을 가적지붕이라고 한다. 눈썹지붕보다 큰 차양시설을 한 것으로 한옥 한 칸 정도의 크기로 시설하여 공간 확보를 제대로 한 것을 말한다.

우리나라에서 가장 멋진 한옥이 어디냐고 설문조사를 한 결과 1위가 선교장이었다고 한다. 그만큼 선교장은 규모도 크거니와 집의 재료도 궁궐에서나 쓸 수 있었던 금강송으로 지어져 품격이나 정밀함에서 어디 하나 뒤처질 데가 없는 집이다. 이 선교장의 열화당에 가적지붕이 있는데 구리판으로 만들었다. 한옥에서 보기 어려운 구리판이어서 생소하기도 하지만 독특한 아름다움을 느낄 수 있다. 정자가 실내라면 가적지붕은 실외다. 맨바닥에 지붕만을 설치한 트인 공간이다.

한옥이 진화하고 있다. 전통을 고수하는 것도 중요하지만 변화하지 않고 머물러서는 존재가치를 잃어버릴 수가 있다. 전통한옥과 요즘 새로 짓는 한옥의 가장 큰 차이점은 화장실과 거실의 변화이다. 화장실은 안으로 들어왔고, 거실은 부엌과 대청을 합쳐놓은 공간으로 변하고 있다. 단열재도 개선되고 난방방법의 변화로 더 나은 환경을 만들어 내고 있다.

아파트에서 살면 우선 자연과 교감하기 어렵다. 바람이 부는지 눈비가 오는지 잘 알지 못한다. 들이치는 비를 피할 수는 있어도 비와 만날 수는 없다. 처마가 없어 햇빛도 그대로 들이친다. 낭만이 사라진 공간이다. 하지만 한옥에서는 자연과 함께 낙숫물 떨어지는 소리에 그리움도 담아보고, 멀리 떠난 자식도 그리워할 수 있다. 한옥에서 여름에 문을 열고 밖을 내다보면 산과 강과 물이 찾아오고, 바람이 살랑 살랑 대청을 지나간다. 보름달이 둥실 떠오르는 앞산에서 들려오는 뻐꾸기 소리도 좋고 슬피 우는 산비둘기 울음소리도 좋다. 석양 무렵의 해가 온통 붉은빛으로 물들이는 순간 철없는 자신을 가만히 되돌아보는 시간을 가질 수 있는 것도 한옥에서의 여유이다. 한옥은 모자르면 모자란 대로 자연스럽게 살아도 좋다고 한다. 완성이 아니라 완성을 향하여 가는 것이 인생이라고 이야기하는 곳이 한옥이다. 한옥은 아름답다. 그래서 생도 더불어 아름다워진다.

1/ **가적지붕** 강릉 선교장 열화당. 선교장의 사랑채로 앞쪽에는 동판을 너와처럼 이은 차양시설을 했다.
맨바닥에 지붕만을 설치한 실외 공간이다.

2/ **가적지붕** 해남 녹우당. 한옥 한 칸 정도로 크게 시설하여 공간 확보를 제대로 했다.
비도 피하고 여름에는 햇볕을 차단할 수 있도록 넓은 봉당이 만들어졌다.

3/3

한옥의 여유와 자연주의

불국사, 그렝이 기법, 돌쌓기

●

시원하고 훤칠한 멋을 보여주는 종축의 불국사가
아름답고 세계적인 건축물인 것은
인위와 무위의 조화를 미학으로 이끌어냈다는 점이다.
불국사는 거침과 정교함이 교차하고, 자연과 인위가 대립하지만
결국은 조화를 이루어 미적 창조를 극한으로 이끌었다.

–

왼쪽/ **벽선** 예산 수덕사. 그렝이 기법은 별개의 두 부재를 밀착시킬 때 그 밀착되는 면을 깎아 맞추는 기법으로 기둥을 세우거나, 벽선을 세우고, 추녀를 앉히는 등 거의 모든 한옥 건축에 적용되었다고 볼 수 있다.
오른쪽/ 경주 불국사. 우리나라의 건축물이 안정적인 횡축을 토대로 지어지지만, 불국사는 시원하고 훤칠한 멋을 보여주는 종축을 중심으로 삼았다.

● 한옥은 절제된 가운데 한가함을 들이고 있다. 전혀 다른 덕목임에도 그러한 면을 체험하게 하는 독특한 면을 가지고 있다. 한국 사람은 일하면서도 무언가 한 가지를 빼먹고 사는 습성이 있으며, 이를 완벽하지 못하다고 이야기하는 사람을 종종 본다. 하지만, 가만히 들여다보면 빼먹는 이유를 발견하게 된다. 그 부족함에 철학이 있고 깊이가 있다. 그 모자람이 사람을 살게 하는 숨통이고, 빡빡한 인생에 한가함을 들여놓는 여유임을 알게 된다. 한옥이 특히 그렇다.

한국화에서 볼 수 있는 여백과 마찬가지로 의도적인 비워둠이 한옥의 매력이다. 대청이나 마루의 공간에서 바라보면 한옥의 아름다움과 여유가 어디에서 묻어나오는지 알게 된다. 다른 나라 건축의 발달은 표준화, 전문화, 과학화의 길을 걸었다. 도면에 표현한 그대로 건축해야 하고 장인의 융통성이나 변화를 줄 수 없도록 했다. 수치와 각도를 정확히 계산해서 정해진 건축기법에 따라 건축되지만 한옥은 다르다. 한옥은 다른 나라에서 보기 드문 자연주의를 적극적으로 수용했다. 혹자는 물자 부족과 치밀하지 못한 국민성에 빗대어 고쳐야 할 수치스러운 것으로 여기는 사람도 있지만, 은근하고 질리지 않는 멋이 여기에서 발원하고 있음을 깨닫게 될 때 진정한 한옥의 아름다움을 깨우치게 된다.

불국사는 우리나라에서도 특별한 건축물이다. 우리나라의 건축물이 안정적인 횡축을 토대로 지어지지만, 불국사는 시원하고 훤칠한 멋을 보여주는 종축을 중심으로 삼았다. 백운교와 청운교의 하단 구성을 보면 뚜렷이 다른 건축물과 다른 종축의 돌을 보게 된다. 긴 직사각형의 돌을 횡으로 쌓지 않고 세워 놓았다. 나무의 직립처럼 돌의 직립을 구현한 건축물로 화려하고 전체의 구성이 뛰어나다.

1/ 경주 불국사. 긴 직사각형의 돌을 세워 놓았다. 나무의 직립처럼 돌의 직립을 구현한 건축물로 화려하고 전체의 구성이 뛰어나다.

2/ 경주 불국사. 잘 다듬은 장대석을 세운 다음 그 사이에 대충 다듬은 돌을 쌓았다. 국가적인 사업이었음에도 막돌을 쓴 듯한 느낌이 들게 한다. 가만히 살펴보면 극적인 아름다움이 여기에 있음을 발견한다.

3/ **혼합식기단** 경주 불국사. 돌을 쌓을 때 큰 돌이 있으면 돌을 파내거나 자르지 않고 그대로 둔 채로 그 모양에 그렝이질하여 맞춰 쌓았다. 경주 인근 활성단층은 지진에도 끄떡없이 천 년을 넘게 견뎌 왔다.

4/ **벽선** 영주 부석사 무량수전. 배흘림기둥으로 맞닿는 기둥면이 고르지 않은 벽선을 세워 댈 때 그렝이질을 하여 맞춘다.

1

2

3

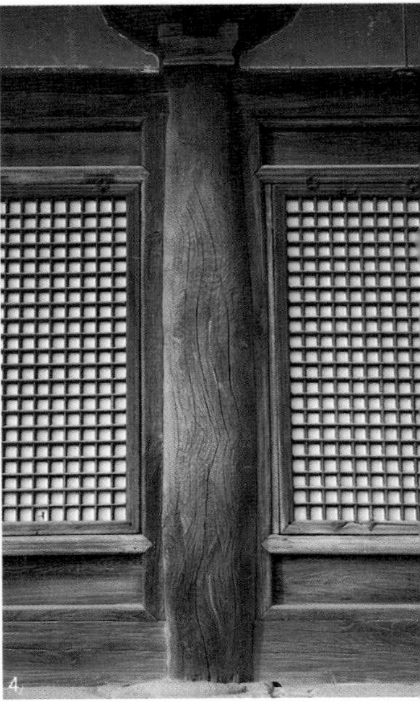

4

1/

2/

● 불국사를 지을 때 절대적인 역할을 한 김대성의 역량과 미적 안목을 확인할 수 있는 위대한 건축물이다. 불국사에서 종축을 기반으로 한 것을 다른 것에서도 찾을 수 있다. 다보탑과 석가탑이다. 단순과 복잡, 절제와 화려함의 대비되는 두 탑 역시 돌을 세워서 만들었다. 불국사가 다른 절과 현저하게 다르게 느껴지는 이유는 종축에 의한 건축물이라는 점과 함께 다른 층위를 극복하는 기법이 독특해서이다. 일반적으로 대지와 대지의 높이가 다를 경우 단순히 계단을 만들거나 길을 통해 오르내릴 수 있도록 하는 것이 일반적이지만 불국사는 백운교와 청운교라는 다리를 만들어 돌출된 건축물로 연결했다는 점이다. 받침돌 단은 다른 층위를 극복하는 건축물의 도입으로 위엄이 있고 화려하다. 종축의 도입과 돌출이라는 자신감이 보이는 불국사는 우리나라의 다른 건축물과 현저하게 다른 미학을 가지게 되었다. 한민족의 문화에서 화려하다고 할 수 있는 유일한 나라가 있다. 신라다. 고구려의 웅혼함과 역동성, 백제의 수수함과 지긋함 그리고 신라는 월등하게 화려하다. 황금의 나라답게 건축물도 드러내는 기법을 사용했다.

흔히 우리 건축물은 자연주의를 조선조 후기에 전폭적으로 받아들였다고 하지만 그보다 훨씬 오래전에 자연주의적인 요소를 발견하게 된다. 신라의 불국사에서도 찾아볼 수 있다. 한옥이 가진 이러한 특별한 매력을 먼저 발견하고 놀라워한 것은 외국인들에 의해서였다. 불국사에서 가장 눈에 띄는 점은 돌을 다루는 기법과 철학이 남다르다는 점이다. 가장 정제되고 과학적인 원리에 의해서 지어진 것이 불국사다. 철저하게 계산되고 국가의 대대적인 사업이자 왕을 필두로 한 나라의 역점사업이었다. 그렇기에 가장 아름답고 멋진 건축물을 지으려 노력했다. 하지만, 국가적인 사업이었음에도 막돌을 쓴 듯한 느낌이 들게 한다.

1/ **혼합식기단** 순천 송광사 관음전. 자연석과 장대석의 혼합식기단으로 돌과 돌 사이를 기하학적 구성의 예술품같이 그렝이질 하여 맞춰 쌓았다.

2/ **돌담** 아산 외암마을. 저마다 다른 크기와 다른 모양의 돌들이 돌담을 이루고 있다. 외암마을은 돌담이 두텁고 다른 재료는 쓰지 않고 돌만으로 쌓았다.

● 놀라움은 여기에서 출발한다. 잘 다듬어진 장대석을 눕히지 않고 세운 다음 그 사이에 쌓은 돌은 대충 다듬은 돌이다. 국력이나 능력이 모자라 그렇게 했을 이유는 적다. 가만히 살펴보면 극적인 아름다움이 거기에 있음을 발견하게 된다. 다듬은 돌과 막돌의 어울림이 절묘하다. 그뿐이 아니라 돌을 쌓을 때 큰 돌이 있으면 돌을 파내거나 자르지 않고 그대로 둔 채로 그 모양에 그렝이질 하여 맞춰 쌓았다. 이를 '그렝이 기법'이라고 한다. 그렝이 기법은 우리나라 전통한옥을 짓는 일반적인 기법이다. 돌을 쌓을 때 뿐만이 아니라 기둥을 세울 때도 그대로 적용한다. 다른 나라에는 볼 수 없는 우리만의 건축기법이며 특성이다. 외국인들이 불국사를 보고는 더욱 놀라워하는 기법이며 특별함이다. 아름다움은 통일에 있는 것만이 아니라 어긋남의 묘를 살리는 데에서도 찾을 수 있다. 작은 변화가 전체를 살리기도 한다. 우리 전통건축기법에는 자연주의가 아주 오래전부터 있었다.

그렝이 기법은 기둥을 세울 때도 요긴하게 쓰인다. 못을 사용하지 않고 짜 맞추는 우리의 전통건축기법과 마찬가지로 기둥을 그렝이질 해서 올려놓는 법은 우리의 독특한 기법이다. 밋밋한 면에 기둥을 세우면 흘러내리거나 미끄러질 염려가 있다. 이를 보완하려는 방법으로 돌은 그대로 두고 돌의 상부 모양대로 나무를 깎아 돌에 맞추는 방식을 택했다. 기둥의 그렝이질이 끝나면 초석과 맞닿은 밑면에 오목한 홈을 파낸다. 이를 굽을 만든다고 한다. 굽은 기둥 굵기의 3/10 정도 두께로 만든다. 초석의 윗부분이 평평하면 초석의 중심 부분을 볼록하게 나오게 하면 더욱 좋다. 물의 배수에 도움이 되어 나무가 썩지 않으며 굽 접착 면의 오목한 부분과 초석의 볼록한 부분이 만나 튼튼해진다. 그리고 썩지 않도록 굽 밑에 소금과 숯을 넣기도 한다.

한옥은 가능한 한 자연 상태의 돌과 나무의 성질을 그대로 적용시키려 했다. 현지에서 나오는 재료들을 이용하여 집을 지었다. 그 재료의 특성에 따라 마을의 풍경과 풍속이 달라지기도 했다. 가난한 농촌마을이었던 무주구천동이라는 지명이 먼저 떠오르는 지전마을의 돌담은 정답고 부드럽다. 산에서 내까지 굴러 내려오면서 모난 부분은 물에 닳아 둥글어지고 매끄러워졌다. 반면 익산의 함라마을의 돌담은 저마다 크기도 다르고 모양도 제각각이다. 밭에서 나온 돌로 돌담을 쌓고 벽의 재료로 사용했기 때문이다. 돌담이 넉넉하게 아름다운 마을은 아산 외암마을이다.

1/ **토석담** 익산 함라마을. 흙다짐에 돌을 박은 형식인 토석담이 주류를 이루고 있다.
주민 스스로 세대를 이어가며 만들고 덧붙인 미적 감각이 고스란히 담겨 있다.

2/ **토석담** 무주 지전마을. 담장 대부분을 차지하는 토석담은 흙과 자연석을 혼용하여 쌓아 전체적으로 전통가옥, 남대천, 노거수와 더불어 산골 마을의 아담한 분위기를 연출하고 있다.

3/ **석축** 영주 부석사. 크고 작은 각석으로 석축을 쌓고 잡석으로 사이를 받고 있는 허튼층쌓기를 했다.

1/

2/

3/

1/

2/

3/

● 돌 쌓는 방식도 재미있다. 우리말의 둥글둥글한 융통성이 빛나는 표현들이다. 떡시루처럼 가로줄이 맞게 쌓는 방법은 켜쌓기라고 하는데 바른층쌓기라고도 한다. 막돌을 사용하면 막돌바른층쌓기라고 하며 다듬어진 돌을 쌓으면 다듬돌바른층쌓기라고 한다. 쉽고 한 번에 이해가 된다. 줄을 맞추지 않고 쌓는 방식을 허튼층쌓기라고 하는데 개울 돌로 쌓으면 개울돌허튼층쌓기라고 한다. 이외에도 메쌓기, 골쌓기, 찰쌓기 등 듣기만 해도 방법과 모양이 대충 떠오르는 돌쌓기방법이다.

돌쌓기 할 때 아랫돌은 큰 돌로 쌓고 올라가면서 작은 돌로 쌓는 것이 일반적이다. 그래야만 쉽게 무너지지 않는다. 백회와 함께 쌓으면 하단의 큰 돌은 흙이 없이 쌓아도 무방하여 무너지지 않고 마당의 물이 밖으로 흘러가는 배수역할도 한다.

한옥은 담장이 높지 않다. 담장이 있어도 좋고 없어도 좋은 것이 한옥이지만 어깨선 아래로 경계를 지어 가능한 자연을 가리지 않도록 한다. 담장도 주변 풍경과 함께 어울려야 하는 또 다른 풍경이다. 그래서 담장에는 큰 나무를 심지 않는다. 담장과 마찬가지로 나무로 시선을 막지 않도록 하기 위해서이다. 건축물 자체가 인위적인 산물이지만 자연스럽게 주변의 산과 물 그리고 다른 건축물에 어울리도록 배치하고 조화시키려는 노력이 강한 것이 한옥이다. 전체적인 화합을 위하여 인위적인 돌출을 낮추는 겸양이 한옥이고 한옥마을의 정서이기도 하다. 한옥에서는 안과 밖이 둘이 아니고 하나이다. 통합되고 융화되어 공동체로서의 하나가 되는 화합의 공간이다.

호박을 심어 담장을 넘기듯 꽃을 피워 담을 넘듯 안과 밖이 따로 없는 주고받음의 미학이 아름다운 한옥이다. 푸른 바람이 넘나들고 황금빛 달빛이 넘치기도 한다. 돌담이 가진 경계의 역할은 한옥에서는 느슨하다. 그래서 한옥에서 담장은 집과 집 사이에 하나만 존재한다. 한 집에서 쌓으면 붙어 있는 집은 다시 담장을 쌓지 않는다. 그저 표시일 뿐이다. 영역표시의 역할로 만족해하는 것이 우리 한옥의 담이다.

1/ **장대석기단** 안동 도산서원 전교당. 장대석으로 층을 맞추어가며 쌓는 바른층쌓기를 하였다. 조선시대에는 장대석기단을 궁이나 사찰 또는 서원에서 주로 하고 민가에서는 사용하지 못하도록 규정하였다.
2/ **돌담** 순천 선암사. 돌쌓기할 때 아랫돌은 큰 돌로 쌓고 올라가면서 작은 돌로 쌓는 것이 일반적이다. 그래야만 하단의 큰 돌은 흙이 없이 쌓아도 무방하여 무너지지 않고 마당의 물이 밖으로 흘러가는 배수역할도 한다.
3/ **돌담** 순천 낙안읍성. 호박을 심어 담장을 넘기고 꽃을 피워 담을 넘기듯 안과 밖이 따로 없는 주고받음의 미학이 있다.

極樂殿
大雄殿

4

한옥은 과학이다.

4.1 **인체를 고려한 치수:** 머름, 대청과 부엌의 높이, 이중 창호 4.2 **계절에 따른 해의 고도를 고려한 처마:** 처마의 길이와 각도 4.3 **과학적인 한옥 구조:** 지진에 강한 가구구조架構構造, 한옥의 표준화 4.4 **실용성에 눈뜬 한옥:** 바람 길, 한옥의 종류, 고콜과 화티 4.5 **실용적인 공간 활용:** 기단과 월대, 봉당, 후원조경과 화계

4/ 1

인체를 고려한 치수

머름, 대청과 부엌의 높이, 이중 창호

한옥은 서양건축과 달리 과학적인 기초없이 대충 지어지는 것으로 아는 사람이 종종 있다.
하지만, 한옥이야말로 과학적인 사고와 과학을 뛰어넘는 통찰이 깊이 스며 있는 건축물이다.
한옥은 철저하게 계산되고 인본적인 철학의 바탕 위에 지어진 뛰어난 집이다.
어수룩한 면을 가지고 있으면서도 칼날 같은 예리함이 있고,
극히 계산적인 과학에 근거하면서도 천연덕스러운 정이 넘치는 집이다.

–

왼쪽/ 운현궁. 세 겹의 창호를 설치하고 용도에 맞게 사용한다. 밖에서부터 쌍창, 영창, 흑창, 갑창으로 이루어져 있다.
영창은 두 쪽 미닫이로 방을 밝게 하려고 살이 적은 용用자살이나 전田자살로 한다. 흑창은 두꺼운 종이를 발라 낮에 취침용으로 사용할 수 있는 용도이고,
갑창은 영창, 흑창을 열었을 때 양 벽으로 들어갈 수 있게 만들어 놓은 것으로 두껍닫이라 한다.
오른쪽/ **대청** 경주 양동마을 무첨당. 대청 천장의 높이는 집의 높이라고 할 수 있다. 상부가 트여 있어 시원하다.
앞으로 마당이 시원하게 트여 전체를 관망하기에 중심되는 곳이다.

● 보통 한국 사람은 4척이면 작은 키라 하고, 6척 장신이라는 말이 있듯이 6척은 큰 키를 말하고, 보통 키를 5척으로 잡았다. 한 척을 영조척으로 계산하면 32.21cm이니 5척이면 161cm 정도 된다. 조선시대 남자의 평균신장이라고 할 수 있다. 눈높이는 이보다 아래인 150cm를 잡았다. 이는 마당에서 방을 바라볼 때 머름대 상단 눈높이를 기준으로 하는 높이다. 밖에서 안을 바라보았을 때 방에 있는 사람이 하반신을 볼 수 없도록 한 높이이기도 하다. 이는 방안에 있는 사람이 머름에 팔을 걸치기에 적당한 높이다. 방안에 있는 사람이 누우면 밖에서는 보이지 않고, 앉으면 몸의 상부만 보이는 적당한 높이다. 한옥은 활동하기에 가장 적당한 길이와 높이를 기준으로 하여 설정했다. 머름은 안에 있는 사람의 사생활을 보호하기 위해 만들었다.

한옥은 기단을 쌓은 후에 지은 집이어서 누워 있으면 밖에서는 보이지 않는다. 앉아 있더라도 하반신은 노출되지 않는다. 이는 여름에도 창을 열고 지낼 수 있는 장점이 있다. 한옥에서는 머름대의 높이가 정해지면 문갑 높이가 정해지고 다른 가구들의 높이도 정해진다. 문갑의 높이는 머름보다 약간 낮게 만들면 된다. 한국인의 인체에 적당하게 만들어진 단위에 의하여 지어진 집이 한옥이다. 현대인들은 키와 체격이 조선시대와는 다르다. 그만큼 현대한옥은 신장한 신체조건을 고려하여 더 높고 넓게 지어져야 한다.

한국인들이 가장 많이 사는 아파트는 방, 거실, 주방의 높이가 일정하다. 한옥은 앉아서 생활하는 방과 일어서서 활동하는 대청의 천장 높이가 다르다. 방은 앉아서는 아늑하고 누워서는 포근해야 한다. 천정이 너무 높으면 누워서 편안하지가 않다. 반면 일어서서 활동하는 대청과 부엌은 천장이 높다. 한옥은 용도에 맞게 천장의 높이를 조정하여 사용했다. 천장과 천정은 다르다. 천장은 목구조 가구구조 목재들이 그대로 드러나 있는 것을 말하고 천정은 반자를 해서 막은 것을 말한다. 방은 반자를 해서 아늑하게 만들었으므로 천정이고, 대청은 뻥 뚫린 그대로 놔두어서 천장이다. 요즘은 천장으로 통일해서 사용한다.

1/ **머름** 산청 덕천서원. 머름은 대청이나 방의 아래 바람을 막기 위하여 좌식생활을 하는 우리에게 적당한 구조이다. 머름의 높이는 팔을 걸쳤을 때 편안한 높이가 적당하다. 누우면 밖에서 보이지 않고 앉아 있으면 상체만 보여 사생활보호도 되고 바람도 피할 수 있다.

2/ **통머름** 상주 대산루. 통머름은 머름을 여러 조각으로 짜지 않고 긴 널을 통째로 가로 대어 막은 머름을 말한다.

3/ **통머름** 경주 양동마을 서백당. 통머름과 쌍창의 고식으로 가운데 문설주가 있는 영쌍창에 분할된 뒤뜰이 선경이다. 선비가 읽던 책 속에 자연을 나눠 담았다.

● 한옥을 방문하면 시원한 느낌보다는 안온한 정감이 느껴진다. 현대인들의 키가 커지고 체격도 커져서 전통한옥의 규모가 작아 보인다. 지금 새로 짓는 개량형 한옥에 들어서면 그러한 느낌보다는 시원한 느낌과 함께 품격이 느껴진다. 한옥의 위세는 권위가 아니라 기품이다. 강압적으로 제압하기보다는 부드러운 문화의 향취에 젖게 한다. 안에서 밖을 내다보거나 밖에서 안을 들여다보아도 넉넉한 여유가 감돈다. 적막과 거대한 자연의 변화가 계절마다 시간마다 다른 정감으로 다가온다. 질리지 않는 감성의 중심이 되는 곳이 한옥에서 대청이고 마루이고 방이다. 어느 곳에 앉아 있어도 세상은 부드럽게 사람을 끌어안는다. 추녀 끝에 달아놓은 풍경소리가 뎅그렁거리며 마당에 떨어지는 시간에도 바람은 분주하게 방마다 드나들고 대청에는 서늘한 그늘이 여름날의 축제를 자축이라도 하는 듯하다.

가을이면 단풍이 들기 시작하고 마당에선 타작이 이뤄진다. 축제는 계절마다 신명을 가지고 열린다. 논두렁과 밭두렁에 심었던 콩과 녹두를 잘 말려 털기도 하고, 고추를 따서 멍석에 널어놓으면 고추잠자리가 마당을 돌며 가을을 자축한다. 추수하느라 어수선한 낮을 보내고 나면 모깃불을 펴놓고 마당에 둘러앉아 할아버지 할머니부터 손자 손녀까지 이야기꽃을 피운다. 세상에 사람만큼 반갑고 고마운 존재가 있을까. 도회지로 나간 자식이 그리워 명절이면 먼 길을 자꾸 내다보던 어머니 품 같은 곳이 고향이다. 우리의 한옥은 고향의 마음을 잘 담고 있는 집이다.

천장의 높이를 정하는 원칙도 사람의 인체에서 비롯되었다. 방은 앉은 사람을 기준으로 그 위에 다시 사람 키를 더한 높이로 했다. 선 사람이 5자고 앉은 사람은 그의 절반이니 2자 반이다. 방의 높이는 둘을 합해 7자 반이 된다. 대청은 선 사람을 기준으로 다시 사람 키 높이를 더한 5자를 보태 10자가 된다. 즉 방의 높이는 7자 반이고 대청의 높이는 10자가 된다. 새로 짓는 한옥의 높이는 현대인들이 과거보다 키가 더 큰 것을 고려하여 높이를 계산하면 된다. 쉽게 계산하면 방의 높이는 성인 남자 키의 1.5배가 되고 대청의 높이는 성인 남자 키의 2배로 보면 된다. 큰 사람을 기준으로 잡으면 사용하는 데 불편이 없다. 너무 높으면 휑하니 허전해 보이고 너무 낮으면 답답해 보인다. 요즈음 사람들이 많이 생활하고 있는 아파트의 천정은 일률적으로 2.5m 이하이니 한옥과 비교하면 너무 낮다.

오른쪽/ **대청** 정읍 김동수가옥. 안채의 대청으로 부잣집의 상징인 육간대청으로 넓고 위엄이 있어 보인다. 대청의 앞쪽에 분합문을 달아 연등천장임에도 실내의 아늑함이 있다.

천장과 천정

천장은 상부에 반자를 하지 않고 터놓은 것으로 목구조의 가구구조 목재들이 그대로 드러나 있는 것으로, 주로 대청, 창고, 마루 같은 곳의 상부를 말한다. 천정은 반자를 해서 막은 방 같은 곳으로 아늑하고 난방이 쉽도록 공간을 축소한 상부를 말한다. 겨울공간은 상부를 막고 여름공간은 터놓은 천장으로 이용하였다. 요즘은 구분하지 않고 천장으로 통용하기도 한다.

1/ **대청** 경주 양동마을 향단. 정면 4칸, 측면 2칸으로 중앙에 대청을 두고 좌우로 온돌방을 배치하였다. 대청은 선 사람을 기준으로 다시 사람 키 높이를 더한 10자가 된다. 쉽게 계산하면 대청의 높이는 성인 남자 키의 2배로 보면 된다.

2/ **부엌** 강릉 선교장 경은고택. 부엌의 상부는 연등천장으로 트여 있다. 연기와 수증기 발생과 냄새가 많이 나 공간을 열어 놓았다.

3/ **부엌** 삼척 산촌너와마을. 현대식 건물에서 부엌이 내부로 들어온 것은 땔감의 변화와 난방방식의 발달로 가능해졌다. 요즘 짓는 한옥은 부엌과 화장실이 안으로 들어와 불편함이 없다. 부엌도 마찬가지도 실내공간이 되어 추위와는 무관하다.

4/ 안동 심원정사. 밖에서부터 여닫이 세살 쌍창, 방충 창으로 사용하는 올이 성근 비단으로 만든 사창紗窓, 두껍닫이 속으로 밀어 넣는 미닫이 용자살 영창, 두껍닫이인 흑창이 보인다.

문지방이 닳도록 드나들었던 한옥이 그리워지는 시대가 왔다. 대청으로 올라서기 위해 놓은 디딤돌이 닳도록 한민족의 정을 닮은 전통한옥이 아름다워지는 시대가 왔다. 잃어버렸던 시간과 정서가 되살아나고 있다. 시간은 앞으로만 가는 줄 알지만 추억의 시간은 뒤로도 간다. 한옥에 대한 관심과 사랑은 우리만의 일이 아니고 다른 나라 사람들에게도 알려져 한옥이 가진 맛을 체험하기 위하여 찾아오고 있다. 전통한옥 체험 장소로 알려진 한옥에는 외국인이 많은 수를 차지하고 갈수록 늘어나는 추세다. 그만큼 한옥이 가진 변별성이 강한 인상을 주기 때문이기도 하다. 한국인이 가진 정서와 감성을 닮은 한옥을 체험하고 싶은 사람이 늘어나고 있는 것이다.

한옥은 춥다는 생각을 하는 사람이 뜻밖에 많다. 겨울보다는 여름에 더 적합한 구조로 되어 있는 집이기는 하다. 겨울에 대청과 마루는 한정적으로 사용할 수밖에 없는 공간이고, 마당도 겨울 이외의 계절에 더 많이 사용한다. 하지만 잘 지은 집의 창호는 세 겹으로 구성하고, 쓰인 나무는 이완과 수축으로 다져져 나무와 나무 사이가 벌어지는 점을 보완한 것이라 웃풍이 없다. 보통 서민 집들은 홑창이나 이중창이지만, 잘 지어진 운현궁의 창호를 보면 밖에서부터 쌍창, 영창, 흑창, 갑창의 세 겹으로 이루어진 삼중창으로 단열효과가 크다. 여름에는 영창, 흑창은 빼고 올이 성긴 비단을 바른 사창을 달도록 했다.

대청에서 이루어지는 운치와 여유가 한옥의 절정이다. 용도가 다른 문들로 구성되어 혹독한 추위와 더위에 견딜 수 있도록 고안되었다. 우리나라는 겨울이 길어 겨울을 나기 위한 방책을 여러 가지로 고려했다. 대표적인 것이 온돌이지만 한옥이 나무집이라 춥다는 생각은 옳지 않다. 한옥이 추운 이유는 크게 두 가지이다. 하나는 나무의 수축을 고려하지 않고 지은 집이고 또 하나는 이중창과 수장재에 아무런 준비가 되어 있지 않은 집이다. 나무와 흙의 수축률이 달라 틈이 생기지 않도록 홈을 파서 판재를 끼우거나 졸대를 대서 바람이 들 수 없게 하는 전통적인 방법이 있음에도 지키지 않아서이다. 그리고 지금은 난방시설이 잘 되어 있어 춥다는 말은 옛말이다.

한옥은 깐깐하고 차가운 과학을 들였음에도 수더분하고 차분하다. 화려함을 피하여 나무의 질감처럼 부드럽고 따뜻한 정감을 느끼고 있다. 철저하게 계산된 건축물이지만 한가할 만큼 편안하게 다가오는 것은 더 큰 끌어안음의 포용에 있다. 그리고 함께 하려는 공동체 의식에 있다. 사람과 사람, 사람과 자연이 어우러지는 생명의 공동체 의식으로 이루어진 집이 한옥이다.

4/2

계절에 따른 해의 고도를 고려한 처마

처마의 길이와 각도

처마는 해가 걸리는 높이를 고려해서 지방마다 길이가 다르다.
남중고도에 따라 햇빛의 양이 달라져 온도가 변하고 계절이 바뀐다.
여름과 겨울의 상반된 상황을 모두 고려해서 처마의 길이를 정한다.
과학적이지만 자연미를 더 부각해
심도 있게 들여다보아야 한옥의 훌륭함을 알 수 있다.

-

왼쪽/ **익공식** 강릉 오죽헌. 보 방향으로 새 날개 모양의 부재가 결구 되어 만들어진 공포형식으로 익공이 두 개인 이익공으로 출목이 없다.
오른쪽/ 한국의 집. 여름과 겨울에 다른 햇빛의 양을 조절하기 위해서 고안해 낸 처마는 그늘이 만들어지고
비가 들이치는 것을 막아 한옥의 재료인 목재가 썩는 것을 방지한다.

● 고도에서 직사광선으로 내리쬐는 여름 해의 햇빛은 눈이 부시다. 방 안에 들어가 있어도 강렬한 햇빛이 반사되어 들어오는 빛이 여간 밝지 않다. 반면, 겨울에는 햇빛이 모자라고 붉은빛을 띤다. 이렇게 여름과 겨울의 다른 햇빛의 양을 조절하기 위해서 고안해 낸 것이 처마다. 처마가 길면 처마가 깊어진다. 한옥의 처마는 깊다. 그 덕분에 그늘이 만들어지고 비가 들이치는 것을 막아 한옥의 재료인 목재가 썩는 것을 방지한다. 또한, 처마 위로 솟아오른 부드러운 곡선은 시각적 아름다움을 줌과 동시에 마당에 깔린 백토와 결합하여 집 안으로 빛을 끌어들이는 데 한몫을 한다. 마당에 반사된 빛이 처마 안쪽을 골고루 비추기 때문에 처마 덕분에 어두워질 수 있는 집안이 밝아지는 것이다. 처마의 각도도 중요한데 이는 해가 떠오르고 지는 각도를 고려해서 만든다. 이 원리를 이용하여 선조는 해시계를 개발했다. 지금도 경복궁에 가면 몇 곳에 해시계가 설치되어 있다.

우리나라 태양은 높이 뜬다. 여름에는 지루할 만큼 뜨거운 낮이 길다. 반면 겨울에는 낮게 떴다가 바로 진다. 이러한 현상은 지구의 자전축이 기울어져 공전하기 때문에 남중고도가 달라져서다. 남중고도에 따라 햇빛의 양이 달라져 온도가 변하고 계절이 바뀐다. 태양이 지표면과 이루는 각도를 고도라고 하는데 태양이 정남쪽에 와 있어 고도가 가장 높을 때를 '남중고도'라고 한다.

1/ 강릉 허난설헌생가터. 처마 위로 솟아오른 부드러운 곡선은 시각적 아름다움을 줌과 동시에 마당에 깔린 백토와 결합하여 집 안으로 빛을 끌어들이는 데도 한몫을 한다.

2/ 안동 심원정사. 한옥은 계절과 자연의 변화를 체험할 수 있고, 친환경적인 목구조의 틀 속에서 건강한 삶을 살 수 있는 이로운 집이다. 바람 한 줄기, 햇빛 한 가닥에 만족하며 안팎의 단절을 없애는 것이 진정한 이로움이다.

3/ **겹처마** 합천 해인사. 서까래를 대고 그 위에 부연이라는 목재를 덧대어 지붕을 길게 늘인 다포형식의 겹처마에 곱게 금단청을 하였다.

1/

2/

3/

1

2

우리나라의 남중고도는 여름 하지에 76° 정도가 되지만 겨울 동지에는 29° 로 낮다. 여름의 해는 중천에 높게 떴다는 표현 그대로 높게 뜨지만, 겨울에는 낮게 뜬다. 그만큼 온도변화가 크다는 이야기이다. 그리고 낮의 길이도 차이가 크다. 여름 하지에는 낮의 길이가 14시간 45분, 겨울 동지에는 9시간 35분으로 큰 차이가 난다. 햇볕이 드는 시간으로만 계산해도 여름이 겨울보다 5시간 길다. 여름은 넘치고 겨울은 모자라는 것을 극복하려면 처마의 길이와 각도를 조절해야만 했다. 겨울 햇빛이 아침 10시쯤 대청의 마당 쪽 끄트머리부터 오후 4시쯤이면 안쪽 끝에 닿도록 했다.

지금은 냉방기가 있어 견딜만하지만, 처마도 없는 현대식 건물로 여름을 난다면 어려움이 많을 것이다. 한옥의 마루는 계절 상관없이 자연을 느끼고 여유를 가질 수 있는 공간이다. 바람을 몸으로 느낄 수 있는 안팎의 완충 공간인 처마 밑은 자연과 사람이 만나는 장소이다. 하지만, 현대식 건물은 처마가 없는 경우가 많아 자연적인 바람이나 그늘을 기대할 수 없는 집으로 변화하고 있다. 여름에 한옥에 들어가 보면 놀랄 만큼 시원하다. 대청으로 들어서는 순간 서늘한 공기에 눈이 휘둥그레진다. 선풍기도 없고 냉방시설이 없음에도 시원하다. 처마의 길이가 그만큼 길어 그늘이 깊고 대청의 천장이 높아 그만큼 시원하다. 부채 하나만으로도 거뜬히 여름을 날 수 있다. 그리고 초가와 기와집의 기와 밑에 깐 보토가 복사열을 차단해 주어 단열효과가 높다. 초가의 단열효과는 원래 손꼽을 만하지만, 기와집은 기와 밑의 개판만으로도 단열효과가 크다.

겨울철에는 낮게 뜬 해가 처마 밑으로 방을 비춘다. 한지를 통하여 들어온 은은한 빛이 방을 양명하게 만들어준다. 겨울에는 직접 햇빛이 벽을 비추고 방을 비추면 오히려 반갑다. 벽체가 더워지고 마루에 햇빛이 들면 바깥 공기가 차가워도 툇마루에 앉아 있을 만하다. 아이들이 양지쪽에 몰려 앉아 햇볕바라기를 하는 장소이기도 하다.

1/ 안동 심원정사. 한옥의 처마 각도는 25° 에서 32° 이다. 기단의 높이와 집의 높이에 따라서 적당히 조절하여 준다. 겨울 햇빛이 아침 10시쯤 대청의 마당 쪽 끄트머리부터 오후 4시쯤이면 안쪽 끝에 닿도록 했다

2/ 보성 강골마을 이용욱가옥. 겨울과 여름을 함께 보내기 위해서는 처마의 길이를 조절해야 했다. 처마의 각도는 해가 떠오르고 지는 각도를 고려해서 만든다.

● 처마가 있고 없음에 따라서 실내에 있는 기분이 다르다. 처마가 없는 아파트나 현대식 건물에서는 빛을 피할 길이 없다. 여름에도 직사광선이 실내를 비춰 눈이 부시다. 덥기도 하지만 책을 볼 수 없을 정도로 강한 햇볕에 노출된다. 실내에서 한 여름날 직사광선을 받지 않도록 고안한 것이 처마이다. 처마의 길이는 너무 길면 답답하고 짧으면 햇빛에 노출된다. 겨울과 여름을 함께 보내기 위해서는 처마의 길이를 최대한 조절해야 했다. 일반건축물은 벽 중심선에서 1m가 넘으면 건축면적에 포함되지만, 한옥은 2m까지 인정이 된다. 처마의 길이는 지붕의 넓이와도 비례가 되어야 하므로 일정한 길이를 정하는 것은 지방의 기후와 장인의 경험에 의해서 결정된다. 한옥에서는 처마를 길게 하려고 오래전부터 여러 가지 형태의 지붕구조가 발달하여 왔다. 일반 집들은 홑처마에서 겹처마로 발달해 처마의 길이가 길어졌고, 궁궐이나 사찰 등의 중요한 건물들은 더욱 처마를 길게 하려고 주심포, 다포, 익공 등의 공포양식을 이용하여 처마를 길게 하였다. 공포의 도입은 처마를 길게 빼는 역할과 함께 건물의 외형을 아름답게 한다. 남부지방 민가의 처마길이는 보통 120cm로 잡는다.

한옥의 처마 각도는 25° 에서 32° 이다. 기단의 높이와 집의 높이에 따라서 적당히 조정하여 준다. 지붕의 각도도 지방에 따라 다르다. 눈이 많이 내리는 산간지방은 지붕의 각도를 가파르게 하여 눈이 쌓이지 않도록 하고, 비가 많이 오는 지역은 지붕을 완만하게 해도 무방하며 비가 들이치지 않도록 처마의 길이를 좀 더 길게 한다.

1/ **겹처마** 강진 무위사 극락보전. 겹처마의 모습이다. 상부는 네모난 서까래를 아래는 둥근 서까래를 대어 대조를 이루고 있다. 노출된 서까래 아랫부분을 처마라고 한다.

2/ 청송 송소고택. 해가 뜰 때와 강한 빛이 수그러져 부드러워질 때에는 빛이 직접 방과 대청으로 들어오고, 강렬한 빛이 내리쬘 때에는 빛을 가려 그늘을 만들어 주는 역할을 하는 것이 처마이다.

3/ **까치발** 합천 묵와고가. 돌출된 벽장을 받치기 위해 까치발을 세워 버팀목으로 사용했다. 버팀목은 다양한 형태의 공포로 발전하였다.

1

2

3

4

처마는 차양기능을 한다. 직사광선이 실내를 비추지 않는데도 집안이 밝은 이유는 마당에서 반사된 빛이 건물 내부를 간접조명 하기 때문이다. 한옥 방에 앉아 있으면 빛이 은근하고 마음이 차분히 가라앉는 느낌이 든다. 간접조명의 효과가 주는 편안함이다. 해가 뜰 때와 강한 빛이 수그러져 부드러워질 때에는 빛이 직접 방과 대청으로 들어오고, 강렬한 빛이 내리쬘 때에는 빛을 가려 그늘을 만들어 주는 역할을 한다.

한옥은 계절과 자연의 변화를 체험할 수 있고, 환경친화적인 목구조의 틀 속에서 건강한 삶을 살아갈 수 있는 이로운 집이다. 자연과 하나 되는 공간으로 자연을 집안으로 끌어들여 함께하는 즐거움과 이로움이 공간의 안팎을 단절하는 것을 경계했다. 바람 한 줄기, 햇빛 한 가닥에 만족하며 안팎의 단절을 없애는 것이 진정한 이로움이다. 개구리 울음소리가 시끄러운 날에 처마 밑 마루에 앉아 있으면 달빛이 부드러운 얼굴로 찾아온다. 살짝 빗겨 하늘을 올려다보면 부드럽게 고개를 쳐든 추녀의 곡선과 함께 하늘의 별들이 가득하다.

처마와 추녀

처마는 바깥쪽 기둥을 기준으로 지붕이 도리 밖으로 내민 부분으로 서까래 아래를 말한다. 추녀는 네모지고 끝이 들린, 처마의 네 귀에 있는 큰 서까래 또는 그 부분의 처마를 말한다. 처마는 상부에서 내려다보았을 때 지붕의 네 면을 말하고 추녀는 네 귀의 각진 부분을 지칭한다. 절에 가면 풍경이 걸리는 부분이 추녀이고 나머지 부분이 처마이다.

1/ **물익공** 예산 이남규고택. 익공의 사용된 숫자에 따라 초익공, 이익공, 삼익공으로 분류하는데 뾰족하지 않고 둥글게 만든 것을 물익공이라 한다.

2/ **주심포형식** 영주 부석사 무량수전. 기둥 위에만 포가 놓인 공포 형식으로 보통 3포식과 익공식은 여기에 속한다. 조선 초기 이전에 많이 사용되었고 맞배지붕에 많다.

3/ **주심포형식** 안동 봉정사 극락전. 주심포형식으로 암키와, 수키와, 막새기와의 주고받음이 어우러지고 상부의 네모난 부연과 둥근 서까래가 대조를 이루고 있다.

4/ **다포형식** 안동 봉정사 대웅전. 기둥과 기둥 사이에도 포가 놓인다. 조선시대의 큰 건물과 정전에 많이 쓰였으며 팔작지붕인 경우가 많다.

4/3

과학적인 한옥 구조

지진에 강한 가구구조架構構造, 한옥의 표준화

한옥의 과학적인 가구구조架構構造는 공장에서 미리 치목하고
현장에서 바로 조립하여 완성할 수 있는 현대화에 적합한 구조이다.
한옥의 기둥과 보, 도리 등 수평과 수직 목재들이 서로 떠받치는 가구구조는
지진의 운동에너지를 흡수하기 때문에 지진에 더 강하다.

-

왼쪽/ **칠량가** 안동 봉정사 극락전. 칠량가로 측면 가운데 종도리에 이르는 어미기둥이 사용되었다. 장인의 능력과 집의 규모나 구조를 숨길 수도 없고 가릴 수도 없는 것이 한옥이다. 부재를 그대로 드러낸다.
오른쪽/ **오량가** 강릉 객사문. 오량가 맞배지붕 평삼문으로 주심포柱心包 건물이다. 기둥은 앞·뒷줄이 배흘림기둥이고 가운데는 사각기둥으로 하여 가구구조가 다 들어나 빼어난 건축술을 볼 수 있다.

● 한옥은 과학이다. 한옥의 특징 중 하나인 가구架構는 많은 결구로 조립하는 가구구조라는 점이다. 가구구조는 한옥의 뼈대를 이루고 있는 나무로 만든 구조재와 부재들을 못이나 꺾쇠를 사용하지 않고 조립식으로 직접 짜 맞추는 기법이다. 집의 골격을 조립할 때까지 못을 전혀 사용하지 않는 구조적 특징이 있다. 또한, 한옥은 지진에 대해 강한 저항력을 지니고 있어 우리나라 역사적 기록에 나타난 여러 번의 지진에서도 피해가 별로 없었다. 전통한옥이 지진에 강한 것은 기둥과 보, 도리 등 수평 수직 목재들이 서로 떠받치는 등 독특한 가구구조 때문이다. 주춧돌과 분리된 기둥이 미끄러지며 지진의 충격을 분산하는 데다, 수평 수직으로 짜 맞춘 목재들이 서로 떠받치고 있어 나무가 휘거나 변형되면서 지진의 운동에너지를 흡수하기 때문에 지진에 더 강하다. 보통 나무집은 지진에 약한데 비해 한옥은 무거운 기와지붕을 받치기 위해 만들어진 튼튼한 가구구조가 '내진 설계' 역할까지 한 것으로 자연스럽게 지진에 강한 집이 되었다. 한옥은 철저하게 계산되고 체계화되어 있는 과학적인 집이다.

수원화성을 짓는데 1794년 1월에 착공하여 1796년 9월에 완공하기까지 2년 8개월밖에 걸리지 않았다. 당시에는 신도시 하나를 건설하는 것과 같은 일이었다. 현대화된 기계도 없이 사람의 힘으로 집을 짓던 시절에 상상하기 어려울 정도로 빠른 기간에 완성되었다. 정조가 내려와 천도하려 했으니 행궁의 규모와 화성 안에 들어선 관청의 규모가 컸음에도 짧은 기간에 완공했다. 한옥은 미리 치목하고 바심질을 한다. 목재를 톱으로 자르거나 대패로 깎아내고 끌로 구멍을 파는 등 조립할 수 있게 하는 전반적인 작업공정을 치목이라 하고, 재목을 치수에 맞도록 재거나 자르는 일은 마름질, 마름질한 재목에 먹매김 하여 용도에 따라 깎고 홈을 파는 일은 바심질이라 한다. 미리 짜 맞출 목재를 만들어 놓고 정해진 순서에 의해 짜맞추기에 들어가게 된다.

1/ **삼량가** 안동 병산서원. 한옥은 많은 결구로 조립하는 가구구조架構構造이다.
한옥에서 가장 하중이 많이 나가는 부분이 지붕인데 이 지붕의 하중을 일차적으로 받는 부분이 도리이다.
도리의 개수에 따라 삼량가, 오량가, 칠량가 등으로 분류한다.

2/ **오량가** 경주 양동마을 향단. 오량가로 대칭의 모습이다. 과학적인 방법으로 조립하는 가구구조는
표준화가 쉽게 이루어질 수 있고 공사기간을 단축하기에 적합하다.

1/

2/

● 한옥 짓기 순서로는 도편수 선정-설계-목재 확보-기초-기둥-가구-처마-지붕-수장-벽체-난방-마루 깔기-문과 창-도배-입택-대문-마당 순으로 진행된다. 이 중에서 가구구조는 초석 위에 기둥을 세우는 일부터 시작된다. 수직을 보아가며 기둥을 세우는 일을 '다림 본다.'라고 한다. 기둥이 벽체를 이루는 골격이라면, 들보는 지붕을 형성하는 골격이다. 지붕을 받게 하는 들보와 여러 가지 부재들이 이루는 복잡한 조합을 통틀어 가구라 일컫는다. 가구를 어떻게 구성할 것인가에 따라 기둥을 평주만으로 세울 것인가, 아니면 고주도 세워야 할 것인가가 결정된다. 이는 가구가 떠받아야 하는 지붕 무게를 기둥이 어떻게 지탱할 수 있는가에 대한 고려이다.

기둥을 세워 보를 얹으면 '가구가 시작되었다.'라고 한다. 기둥과 보를 결구시킬 때에는 그냥 기둥 위에 보를 얹혀 놓는 것이 아닌 기둥 사이에 홈을 파고 그 사이로 보를 넣게 되는데, 이때 기둥머리를 사방으로 홈을 판다. 이를 목수들은 '사갈 튼다.'라고 한다. 사방 중에서 앞뒤로 보아지를 꽂는데 보를 받은 역할을 담당한다. 좌우로는 창방을 꽂는다. 즉, 기둥과 기둥사이를 연결하게 된다. 창방이 설치됨으로써 비로소 하나의 구조체가 만들어진다.

한옥은 기둥-보-도리가 하나의 틀을 이루며 반복되는 구조를 지닌다. 한옥에도 못을 사용할 때가 있다. 골격을 완성한 후에 추녀나 서까래를 고정할 때, 창과 문을 달아맬 때, 우물반자 틀을 짤 때는 못을 사용한다. 한옥을 지으면서 가장 큰 못은 추녀를 만들 때 사용한다. 이때 사용하는 못을 '추녀정'이라고 한다. 추녀는 앙곡과 안허리곡을 만들기 위한 기본 틀이 된다. 추녀의 길이에 의해 안허리곡이 결정되고 추녀의 꺾인 각도에 의해 앙곡이 결정된다. 추녀는 길고 굵은 재목을 쓴다. 반듯한 부재로는 추녀에 필요한 단면 높이를 만족시키기 어렵다. 휜 나무를 이용하여 필요한 높이로 만든다.

1/ **구량가** 예산 수덕사 대웅전. 구량가 이상의 집은 찾아보기 어렵다. 고려시대의 건물로 조선시대와는 달리 기둥이 아닌 툇보 위에도 도리가 걸려 있다.

2/ 수원 화성 행궁. 1794년 1월에 착공하여 1796년 9월에 완공하기까지 2년 8개월밖에 걸리지 않았다. 행궁의 규모와 화성 안에 들어선 관청의 규모가 컸음에도 짧은 기간에 완공했던 것은 미리 치목해서 현장에서 조립할 수 있어 가능한 일이었다.

● 모서리 기둥 위에 얹는 왕지도리 부분에 추녀 얹힐 자리를 마련한다. 추녀의 폭과 추녀가 걸리는 경사를 고려하여 얹힐 자리를 끌로 따낸다. 그 자리에 추녀를 얹고 못을 사용해 도리에 고정한다. 이때에 대략 2자 정도 되는 큰 못을 박는다. 한옥을 지으면서 처음으로 못을 사용하는 부분이다. 한옥은 기본 뼈대가 완성되기까지 못을 전혀 쓰지 않는 데 예외적으로 산지못이라고 하는 나무못을 쓴다. 박달나무나 홰나무 또는 밤나무 같은 것으로 만드는데 못이 접착시키고 고정하는 역할을 한다면 산지못은 이완을 방지하는 역할에 국한된다.

한옥을 짓는 사람을 목수라고 한다. 목수는 대목과 소목으로 나눈다. 대목은 건축물의 골격을 책임진 장인으로 기둥과 대들보 그리고 서까래를 얹는 건축물의 뼈대를 짜는 사람이고, 소목은 창틀, 창살 그리고 내부 소형구조물과 가구를 짜는 장인이다. 서로 일하는 성격이 다르지만, 대목과 소목이 만나야 집을 완성할 수 있다.

한옥에 대한 정의는 한 마디로 이야기하기에는 어려운 점이 있다. 국가기관에서는 어떠한 기준으로 한옥을 보고 있는가를 살펴보면 참고가 되리라 본다.

주요 구조부가 목구조로써 한식기와를 사용한 건물 중 고유의 전통미를 간직하고 있는 건축물과 그 부속시설을 말한다. _서울시 한옥지원 조례

한식기와를 사용한 지붕과 목조기둥을 심벽으로 한 목조구조의 전통양식을 유지하고 있는 건축물과 대문 담장 등을 총체적으로 칭한다. _전주시 한옥보존지원 조례

주요 구조부가 목조구조로써 한식기와를 사용한 건축물과 그 부속시설을 말한다. _전라남도 한옥지원 조례

기둥과 보를 결구 할 때에는 기둥 위에 보를 얹혀 놓는 것이 아니라 기둥머리를 사방으로 십+자 홈을 파고 그 사이로 보를 넣게 되는데, 이를 '사갈 튼다.'라고 한다.

● 한옥이란 넓은 의미로 원초 이래 이 땅에 지은 전형적인 건축물 모두를 말하지만, 좁은 의미로는 살림집을 가리킨다. 일반적으로 말하는 한옥은 목재를 주재료로 하고 흙과 돌을 첨가한 가구구조에 유교와 불교 그리고 도교적인 요소가 혼합된 집으로 기와집을 말한다. 우리는 사대부 양반집으로 전통적인 요소를 갖춘 기와집을 주로 한옥의 기본으로 삼고 있다. 과거에는 나무가 흔하고 저렴한 재목이었으나 지금은 비싸고 고급자재로 인식되어 한옥의 대중화에 걸림돌이 되고 있다. 대량생산 체계에 들어가면 한옥을 짓는 비용도 많이 하락할 것으로 본다.

한옥은 현대에 맞는 과학적인 공법이다. 현대의 추세가 과학화라면 가구구조는 진정한 과학이다. 맞추는 순서와 재목이 정확하게 모듈화되어 있어 규격화만 이룬다면 완전한 표준화가 이루어질 수 있다. 한옥은 대량생산으로 가기에 어떤 공법보다도 합리적이다. 표준화, 규격화가 천 년 전부터 이루어졌고, 더불어 전문화와 대중화를 꾀할 수 있는 집짓기 구조이기 때문이다. 건물 평수와 집의 구조만을 결정하면 한 번에 필요한 기둥 숫자와 도리와 보를 산정할 수 있다. 만들어진 부재를 가져다 조립만 하면 완성된다. 집 한 채 짓는데 짧은 기간에 가능한 것이 한옥이다. 그만큼 체계적으로 완성되는 집짓기 구조방식이다. 한옥을 지을 때의 공법은 과학적인 원리와 전체를 아우르는 능력이 있어야 만들어낼 수 있는데 정확한 하중과 힘의 균형 그리고 구조적 안배를 이해해야만 조립할 수 있다.

한옥 짓기는 이러한 과학적이고 체계적인 여러 요소를 가지고 있음에도 장인들에 의하여 전해졌다. 아쉬운 점은 학문화하는데 게을렀다. 이는 유학자들이 장인을 무시하는 경향이 있어 일어난 결과이다. 유교적인 이론에만 치중해서 과학을 경시했다. 그러한 결과 현장에서 직접 체험으로 일하는 장인과 중인계급에서만 취급하게 되어 학문화되는데 장애가 되었다. 예를 들면, 지붕면적의 크기와 지붕의 기울기는 어떠한 상관관계가 있는가. 추녀선의 곡면은 어느 정도 올라가야 눈에 편한가. 각 도리와 보 그리고 기둥의 하중은 어떠한 역학관계로 이루어지는지 등에 대한 체계적인 정보가 부족하다. 수치나 역학적인 계산이 전하는 것이 없다. 장인의 능력에 전적으로 매달린다. 그럼에도 이미 갖추고 있는 과학의 원리와 합리적인 가구구조는 다시 말하자면 과학이다.

한옥 시공과정

기둥굴리기 / 장부구멍 파기 / 대들보 / 서까래

지붕판재 / 기초 및 초석 놓기 / 그렝이질 / 다림 보기

하인방 넣기 / 중인방 넣기 / 창방 끼우기

주두 얹기 / 대량 및 장여걸기 / 대량과 도리 맞춤 / 대량과 도리 맞춤 상세

왕지도리 상세 / 고주에 대량 끼우기 / 고주에 대량 결구 / 고주에 종보 결구

자료협조_(주)법고창신

중장여 결구

중도리 결구

종보 및 중도리 결구

상량문 쓰기

상량식

종도리 올리기

종도리 올린 모습

추녀 걸기

장연 건 모습

단연걸기 전 모습

갈모산방 얹기

평고대 걸기

말굽서까래(마족연) 걸기

이매기와 부연 걸기

부연 걸기 상세

회첨추녀에 서까래 걸기

고삽

박공과 목기연

마루귀틀 짜기

문설주 넣기

4/ 4

실용성에 눈뜬 한옥

바람 길, 한옥의 종류, 고콜과 화티

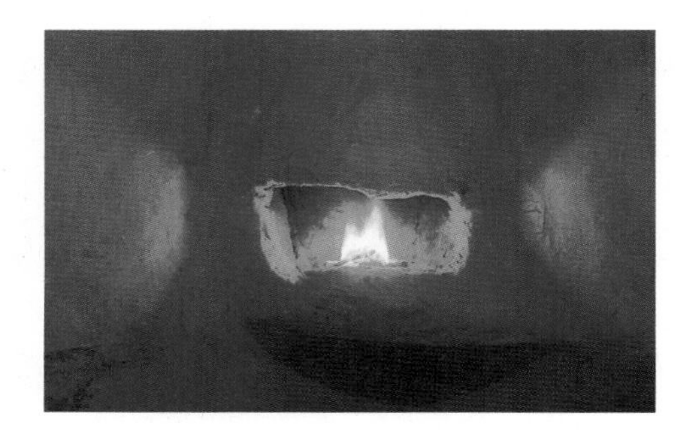

나무와 잔디를 심지 않은 앞마당에 태양이 뜨겁게 비치면 공기가 상승한다.
반면 뒤뜰에는 꽃과 나무를 심어 서늘하다.
앞마당에 공기가 상승하면 자연스럽게 뒤뜰의 차가운 공기가
대청을 거쳐 순환하면서 시원한 바람 길이 열린다.

왼쪽/ **고콜** 삼척 신리 강봉문너와집. 고콜의 땔감으로는 관솔을 주로 사용하였는데
관솔은 연기가 적게 나고 냄새가 그윽하면서도 화력이 좋은 장점을 가지고 있다.
오른쪽/ **화티** 삼척 대이리 굴피집. 성냥이 없을 당시 불씨를 보존하기 위해 부엌 옆에 만들어 놓은 불씨 보관 장소다.
난방을 겸한 고정된 화로로 불씨를 두둥불이라고 한다.

● 한옥은 드러내는 듯하지만 슬그머니 몸을 낮추어 자연에 귀의한다. 분명히 인공적인 산물임에도 자연과의 호흡을 중요하게 여겨 자연을 가까이하려는 모습이 역력하다. 자연과 함께 두드러지지 않으면서도 숨겨지지 않은 곳에 자리를 잡고 집의 크기나 집을 짓는 원리도 자연과 순화하게 하였다. 드러내지 않으나 숨지도 않고 자연을 받아들이되 거칠지 않은 집이 한옥이다. 마당에 물을 버릴 때에도 뜨거운 물은 바로 버리지 않고 식혀서 버리는 마음이 예전 여인들의 마음이었다. 땅속에 있는 벌레나 지렁이 같은 생물을 걱정하고 배려하는 마음이었다.

마당에 멍석을 깔아놓고 앉아 정담을 나누고, 누워서 밤하늘의 별을 바라보기에 한옥만큼 좋은 집은 없다. ㅁ자형의 집에서는 대문을 열어놓으면 바람이 뒷마당으로부터 불어와 대청을 지나 대문을 통하여 흘러간다. 한옥은 어느 집이나 바람의 통로가 있다. 물론 짧은 기간에 대량으로 지어진 작은 한옥은 마당이 협소한 까닭에 그렇지 않을 수도 있겠으나, 대부분의 한옥은 바깥과 통하는 문을 만들어 바람 길을 만들었다. 산바람 강바람을 집으로 들이기 위하여 담장을 낮추고, 형식적으로만 문을 만들어 경계를 표시하고, 바람의 길은 터놓는 지혜를 발휘했다. 대청의 뒤뜰 방향의 판문을 열면 폐쇄적인 것처럼 보이던 ㅁ자형의 집도 바람의 동선이 된다. 앞에 강이나 내를 두고 뒤편에 산이 있어 숲을 끼고 있는 전통한옥은 더욱 시원했다. 낮과 밤의 바람 방향이 바뀔 때에도 바람이 지나가는 길이 되도록 했다.

후원에 산을 두고 있으면 온도가 몇 도 정도 낮아진다. 여기에 과학적인 원리가 있다. 후원에서 만들어진 차가운 공기는 앞마당에서 뜨거워져 상승한 공기를 메우려 대청을 지나가면서 시원한 바람을 선사하는 바람 길을 만든다. 자연의 과학적인 선순환이 집을 시원하게 해주는 것이다. 그래서 후원에 꽃과 나무를 심는 것은 오랜 경험으로 터득한 지혜이다.

1/ 경주 양동마을 서백당. ㅁ자형의 집에서 대문을 열어놓으면 바람이 뒷마당에서부터 불어와 대청을 지나 대문을 통하여 흐른다.
2/ 경주 양동마을 서백당. 대청의 뒤뜰 방향의 판문을 열면 폐쇄적인 것처럼 보이던 ㅁ자형의 집도 바람의 길이 된다.

1/

2/

우리 전통한옥의 종류에는 여러 가지가 있다. 대표적인 것이 기와집으로 형식과 구조적인 완성도가 가장 높은 집이지만 이외에 초가집, 귀틀집, 굴피집, 너와집 등 여러 형태의 집이 있다. 기와집은 양반 사대부나 왕궁, 관가에서 고급재료를 사용해 지었지만 서민들의 집은 그렇지 못했다. 주위에서 바로 구할 수 있는 것들을 이용해 황토로 집을 짓거나 통나무를 그대로 사용한 귀틀집을 짓기도 했다. 귀틀집은 산악지역에 만들어진 집으로 통나무를 우물 정井자 모양으로 쌓는다. 나무와 나무 사이가 엇물리는 네 귀가 잘 들어맞도록 도끼로 아귀를 지어 놓고, 나무 사이는 진흙을 발라 메워서 바람이 들지 않아 보온성이 좋다. 방틀집 · 목채집 · 틀목집 · 말집 · 투방집이라고도 불린다.

지붕의 형태는 초가집이 가장 많았고 산간지방에서는 굴피집이나 너와집 등도 많이 이용하였다. 초가집은 지붕을 갈대나 새, 볏짚 등으로 이어 지은 집으로 보온성과 단열이 뛰어나다. 새나리지붕이라 불리는 갈대나 새를 엮은 지붕이 수명이 길고 깨끗하나 농촌에서는 구하기 쉬운 볏짚을 주로 사용한다. 짚으로 엮은 이엉을 지붕에 덮고 용마루에 용마름을 얹어 마무리 짓게 된다. 바람이 심한 지역에서는 새끼를 그물처럼 엮어서 덮기도 하고 돌을 달아매기도 하였다. 새끼줄로 매는 것을 '고삿 맨다.'라고 한다.

굴피집은 지붕에 굴피를 덮은 집으로 1930년경 너와 채취의 어려움으로 굴피로 덮게 되었다. 굴피는 처서를 전후해 참나무, 굴참나무, 상수리나무 등의 껍질을 벗겨 건조한 것이다. 태백산맥과 소백산맥 일대를 비롯한 산간지방 화전민 가옥에 널리 쓰였다. 보통 두 겹으로 끝 부분이 겹치도록 비늘 모양으로 이어가는 데 긴 나무 장대를 여러 개 걸쳐 놓고 지붕 끝에 묶거나 돌을 올려 고정했다.

1/ 순천 낙안읍성. 초가집은 지붕을 갈대나 새, 볏짚 등으로 이어 지은 집으로 보온성과 단열이 뛰어나다.
갈대나 새를 엮은 지붕이 수명이 길고 깨끗하나 농촌에서는 구하기 쉬운 볏짚을 주로 사용한다.

2/ 순천 낙안읍성. 바람이 심한 지역에서는 새끼를 그물처럼 엮어서 덮기도 하는데 새끼줄로 매는 것을 '고삿 맨다.'라고 한다.

3/ **귀틀집** 문경새재. 나무와 나무 사이가 엇물리는 네 귀가 잘 들어맞도록 도끼로 아귀를 지어 놓고
통나무를 우물 정#자 모양으로 쌓는다. 나무 사이는 진흙을 발라 메워서 바람이 들지 않아 보온성이 좋다.

● 너와집은 산간지역에서 쉽게 구할 수 있는 소나무나 전나무로 나뭇결을 따라 길이를 40~70cm, 80~110cm, 폭 30cm, 두께 3~5cm 정도의 크기로 쪼개어 지붕을 이은 집이다. 비가 와도 나무가 습기를 먹어 차분히 펴지고 가라앉아 물이 새지 않는다. 물이 새지 않는 너와를 만들기 위해서는 톱이 아닌 도끼로 나무를 쪼개야 한다. 톱으로 자르면 결이 일정해 빗물이 새게 된다. 널을 얹고 나서 군데군데 돌을 얹거나 통나무로 눌러 너와가 뒤틀리거나 날아가지 않도록 한다. 한 지붕 안에 부엌, 외양간이 붙어 있는 형태가 많다. 너새집·능에집·느에집이라고도 부른다. 나무판 대신 돌판을 덮은 돌너와집도 있다.

이외에도 까치구멍집이 있는데 팔작지붕과 유사해 보이나 용마루를 짧게 하고 합각 부분이 매우 작게 만들어진다. 좌우 끝의 짚을 안으로 넣어 구멍을 낸 것이 까치둥지와 비슷하다 하여 붙여진 이름이다. 너와집과 굴피집에서도 볼 수 있다.

드물지만 청석집은 능에집이라고도 하는데 석탄이 많이 나는 지역에서 얇게 쪼개지는 점판암을 기와 대신 얹은 집이다. 기와와는 달리 잘 미끄러지는 성질이 있어 청석을 얹는 집은 물매를 완만히 잡는다. 오랜 세월을 견디어 낼 수 있어 '천 년 능에'라고도 불린다.

서민들은 기와나 좋은 소나무를 구하기도 어려웠고 능력있는 목수를 만나는 것도 어려웠기 때문에, 규모는 작고 거칠었지만 입지선택에서는 산을 등지고 물을 앞에 두려는 의식과 더불어 자연과 함께 숨을 쉬는 집을 지으려 했다.

1/ **굴피집** 삼척 신기 정상흥굴피집. 지붕에 굴피를 덮은 집으로 굴피는 처서를 전후해 참나무, 굴참나무, 상수리나무 등의 껍질을 벗겨 건조한 것이다. 하늘이 열어놓은 자연에 묻혀 산다는 일이 벅차고 힘겨우면서도 위대해 보인다.

2/ **굴피집** 삼척 대이리 굴피집. 굴피집 지붕 모습으로 긴 나무 장대를 여러 개 걸쳐 놓고 지붕 끝에 묶거나 돌을 올려 고정했다.

3/ **너와집** 삼척 신리 김진호너와집. 산간지역에서 쉽게 구할 수 있는 소나무나 전나무로 나뭇결을 따라 길이를 40~70cm, 80~110cm, 폭 30cm, 두께 3~5cm 정도의 크기로 쪼개어 지붕을 이은 집이다.

1

2

3

● 난방방식은 온돌이 대세였지만 밤이 되면 조명이 필요했다. 산간지방에서는 밤이 빨리 오고 겨울밤은 더욱 빨리 온다. 난방과 조명을 동시에 해결하는 방안으로 산간지방에서는 요즘의 벽난로와 비슷한 방식을 택했다. 방안에서 불을 때서 난방과 조명을 동시에 해결할 수 있는 고콜이라는 벽난로였다. 고콜은 사람의 긴 코처럼 생겼다고 해서 붙여진 이름으로 우리 토종의 벽난로라고 할 수 있다. 땔감으로는 관솔을 주로 사용하였는데 관솔은 연기가 적게 나고 냄새는 그윽하면서도 화력이 좋은 장점이 있는 연료다. 불을 밝혀 늦은 밤에도 일할 수 있도록 하고 고구마와 감자도 구워먹고 식구들이 오순도순 모여 앉아 정담을 나눌 수 있는 난방과 조명을 겸비한 장치이다. 흔히 굴피집이나 너와집에서 사용하던 것으로 부엌에는 불씨를 보관하는 화티라는 장치도 있다.

이렇듯 지역마다 특성을 살려 집을 지었다. 그중에서도 눈에 띄는 집이 제주도의 민가이다. 기본구조는 뼈대를 나무로 만든 후 주위 벽을 굵은 돌로 쌓아 두르고 고사새끼로 지붕을 묶었다. 벽은 흙을 발라 붙여 돌담을 단단히 하고 지붕은 굵은 띠 밧줄로 바둑판처럼 얽어 놓고 있다. 바람 많은 제주에서 견디게 하는 지혜로운 건축기술이었다. 제주의 민가는 대부분 단순한 一자형이다. 육지에서 부르는 이름과 다른 것도 특징 중 하나이다. 안채는 안거리, 사랑채는 밖거리, 대문간채를 이문간이라고 한다. 또한, 광을 고팡, 부엌을 정지라고 하며 무엇보다 특별한 점은 취사와 난방을 달리했다. 구들을 사용하기는 하지만 제주도 날씨가 온화해서 난방방식을 특별하게 한 까닭이다. 취사용과는 별도로 방에 불을 때기 위해 만든 아궁이를 굴묵이라고 하고 육지에서 대문과 연결되는 짧은 골목길인 고샅을 제주도에서는 올레라고 한다.

한옥은 지역 특성에 맞게 환경에 적응할 수 있는 집을 지었다. 한옥은 일차적 산물인 자연재료로 지어서 친환경적이고 항상 질리지 않는 집이다.

1/ **까치구멍집** 삼척 신리 김진호너와집. 까치구멍집은 지붕의 용마루 끝 합각에 구멍을 내어 집안에서 생기는 연기를 빼낼 수 있는 환기구멍 정도로 작게 만들어진 지붕형태이다.

2/ **까치구멍집** 안동 민속박물관. 안방·사랑방·부엌·마루·봉당 등이 한 채에 딸려 있으며 지붕 용마루의 양쪽에 공기의 배출을 위하여 구멍을 낸 모양이 까치둥지와 비슷하다 하여 붙은 이름이다.

3/ **청석집** 아산 외암마을. 얇게 쪼개지는 점판암을 기와 대신 얹은 집으로 오랜 세월을 견디어 낼 수 있어 '천 년 능에'라고도 불린다.

4/ **고콜** 삼척 대이리 굴피집. 방안에서 불을 때서 난방과 조명을 겸하게 되어 있다. 고콜은 사람의 긴 코처럼 생겼다고 해서 붙여진 이름으로 우리 토종의 벽난로라고 할 수 있다.

5/ **화티** 삼척 신리 김진호너와집. 아궁이에서 나온 불씨를 아궁이 옆에 작은 아궁이를 만들고 불씨를 넣어 보관하였으며 불씨가 꺼지면 복이 달아난다 하여 정성을 들여 꺼지지 않도록 했다.

4/ 5

실용적인 공간 활용

기단과 월대, 봉당, 후원조경과 화계

한옥은 집터를 돋우기 위하여 쌓아올린 기단이 발달한 건물이다.
기단은 구들을 들이기 위한 방법이기도 하고,
더위와 습기를 피하고 낙숫물을 밖으로 튀게 해 목재를 보호하면서
건축물을 당당하고 아름답게 하는 요소이다.

왼쪽/ 용인 장욱진가옥. 큰 마당에 반짝반짝 별처럼 피는 키가 작은 채송화가 잘 어울린다.
오른쪽/ **자연석기단** 영주 괴헌고택. 서민 살림집에서 사용하는 기단으로 비슷한 크기의 돌을 진흙으로 섞어가며 거칠게 쌓은 기단으로 다양한 건물에 폭넓게 사용되었다.

● 한옥은 땅 위에 바로 짓지 않고 단을 한 단 이상 높여 그 위에 짓는다. 난방을 위해 구들을 들이려는 방법이기도 하고, 고온다습한 지역에서 더위와 습기를 피하기 위함이기도 하다. 비가 올 때는 낙숫물이 기단 밖으로 떨어져 물이 안으로 튀지 않게 하는 방안이기도 하다. 목재로 이루어진 한옥은 물에 썩거나 벌레가 생기기 쉬워 물로부터 보호가 필요하다. 이처럼 집터를 돋우어 올리기 위해 전면에 쌓는 돌을 기단이라 하는데 댓돌로 부르기도 한다. 이 댓돌과 디딤돌은 다르다. 댓돌은 집터를 돋우기 위하여 쌓아올린 돌을 말하고 디딤돌은 마당이나 봉당에서 마루나 방으로 들기 위해 올라가기 쉽도록 놓은 돌을 말한다. 기단의 종류를 보면 현재는 거의 사라져 사례를 찾기 어렵지만, 흙이 무너지는 것을 막기 위하여 진흙을 올려 다진 토축기단, 돌로 흙을 막아 쌓는 석축기단이 있다. 또 자연석으로 쌓으면 자연석기단, 장대석으로 쌓으면 장대석기단, 나무로 가구를 만들듯이 정교하게 다듬은 화강석으로 쌓으면 가구식기단이다. 집 주위에서 쉽게 구할 수 있는 자연석으로 기단을 쌓기도 하는데 생긴 그대로 자연의 멋과 맛이 더해져 한결 더 운치가 있다.

한국의 미는 극단을 서로 밀어내지 않고 잘 끌어안아 소통하는 아름다움을 추구한다. 우리 선조는 인공에 자연미를 입히는 뛰어난 능력이 있었다. 다른 나라에서는 보기 어려운 기법이지만 우리에게는 매우 익숙하여 자연스럽다. 자연석기단은 우리나라에서 가장 널리 사용하였고 기술도 발달하였다.

1/ **자연석기단** 보성 강골마을 열화정. 자연 그대로를 보여주는 아름다움이 있는 열화정은 자연석기단으로 높으면서도 발랄하게 느껴진다. 자연 지세를 고려해 기단을 쌓아서다.

2/ **장대석기단** 안동 심원정사. 장대석이란 일정한 길이로 가공된 화강석으로 이것을 쌓아 만든 기단이 장대석기단이다. 기단을 구성하는 댓돌이 세 단으로 만들어진 세벌대이다.

3/ **장대석기단** 수원화성 동장대. 장수가 지휘하던 곳으로 건물은 정면 5칸, 측면 3칸 단층의 팔작지붕이다. 3단으로 장대석기단을 쌓았다.

鍊武臺

1/

2/

한옥은 크게 세 공간으로 나뉜다. 실내와 마당 그리고 그 중간에 봉당이 있다. 봉당은 비나 눈을 피할 수 있는 공간으로 주거住居에서 온돌이나 마루의 시설이 없이 맨흙바닥으로 된 내부공간을 가리키지만, 대청 앞이나 방 앞 기단부분을 봉당封堂이라 부르기도 한다. 지붕은 있으나 마루가 설치되지 않은 부분이 봉당이다. 민가의 겹집에서는 대청 앞쪽에 봉당이 있고 좌우에는 부엌이나 외양간을 구성하는 평면형식을 볼 수 있다. 중부지방에서 볼 수 있는 홑집에서는 안방과 건넌방 사이 대청이 있어야 할 자리에 맨바닥으로 남겨둔 부분을 말한다. 살림집에서 봉당은 다양한 쓰임새를 갖추기 위해 필요에 따라 만들어졌다. 고추를 말리기도 하고, 마늘을 걸어 말리기도 하는 공간으로 이곳에 곡식이나 실내에 보관할 물건들을 저장했다. 신을 벗고 실내로 들어가는 한국에서는 그 형식이 크게 발전하지 못했다.

비 오는 날 마루에서 내려와 봉당에 돗자리나 멍석을 깔고 누워 있으면 마루나 마당과는 또 다른 정취를 느낄 수 있다. 비가 내리는 하늘을 바라보기에는 처마 밑보다는 추녀 밑이 적격이다. 비의 군무를 맨바닥에 누워 즐겨본 사람이라면 안다. 자연이 주는 무한한 힘과 위대한 춤을. 더구나 소나기가 내릴 때 눈 안 가득 들어오는 거대한 비의 흐름을 보면 감동하게 된다. 감탄사가 절로 나온다. 거대하고 웅장하며 역동적인 비의 흐름을 바라보고 있으면 자연의 위대함을 강렬하게 느낀다. 비가 오는 날 맨바닥에 누워 하늘을 바라볼 수 있는 용기가 있다면 장쾌한 율동을 만날 수 있다.

기단을 수평으로 확장시켜 넓게 만든 것을 월대라고 한다. 월대는 경복궁의 근정전이나 창덕궁의 인정전, 창경궁의 명정전, 경희궁의 숭정전, 덕수궁의 중화전처럼 궁의 주요건물 앞에 설치하여 위엄이 넘친다. 왕의 위엄과 권위를 위하여 높고 넓게 만들었다. 이 월대 위에 올라가는 신하가 당상관이고 밑에 있는 신하를 당하관이라고 했다. 월대에서는 조정의 각종 의식과 외국사신 접견장소로 이용되었다.

1/ **월대** 창덕궁 대조전. 중요건물 앞에 넓은 대를 만들어 놓는데 행사용이나 건물의 격을 높이는 역할을 한다. 그 위에 지붕이나 다른 시설은 하지 않는다. 월대 위에 설 수 있는 사람은 정3품 이상을 벼슬한 당상관이고 월대 아래에 늘어서는 서열의 계급을 당하관이라 한다.

2/ **월대** 종묘 정전. 우리나라 월대 중 가장 품위와 격조가 있으며 신비성까지 갖춘 종묘의 월대이다. 맞배지붕으로 하나의 건물로 이루어졌으며 단순함의 극치를 이루는 종묘건축은 위엄이 있다.

● 천장에 반자를 한 실내는 취침이 이루어지는 장소로 앉아 있거나 누워있는 시간이 많은 장소이다. 천장이 낮아야 하고 아늑하게 하려고 높이를 낮게 한다. 방은 가족의 공간으로 웬만큼 친숙한 사이가 아니면 들이지 않는다. 식사를 같이 할 수 있거나 집 사정을 잘 아는 사람이라야 들어갈 수 있는 공간으로 기본적으로는 가족 공간이다. 방과 마당 사이에 봉당이 있다. 봉당은 흙으로 이루어진 바닥으로 실내와 실외의 이중성을 반씩 끌어안은 공간이다. 봉당은 맨바닥이어서 심정적으로는 실외지만 비와 눈을 피할 수 있는 실내처럼 느껴지기도 한다.

한옥은 생각할 수 있는 여유 공간이 유독 많다. 방에서도 문을 열고 밖을 내다보면 자신이 앉은 자리가 실내인지 실외인지 착각이 들 정도로 공간성을 뛰어넘어 편안해진다. 밀폐된 느낌보다는 열린 공간이라는 느낌이 든다. 철문으로 된 집도 아니고 벽체로 실내를 감싼 집도 아니다. 마당과 대청의 격리가 느슨하다. 방의 문도 손으로 누르면 찢어지는 창호지이다. 신혼부부의 방을 손에 침을 발라 구멍을 뚫고 바라볼 수 있을 만큼 실내라는 공간의 안정성이 약하다. 그만큼 실내와 실외를 나누려는 의지가 적다.

봉당은 실내에서 실외로 나가면서 잠시 여유를 가지고 생각할 수 있는 공간이며, 밖에서 일을 보고 들어오면서 걸터앉아 생각을 정리할 수 있는 공간이다. 봉당에는 툇기둥과 주초석이 있고 디딤돌이 있다. 지붕이 있는 공간으로 마루에 걸터앉아 한가함을 잠시 만날 수 있는 공간이다. 봉당은 사유의 공간이며 잠시 머무르는 공간이다. 한옥의 이러한 공간이 풍경을 바라볼 때 일정한 거리를 두게 한다. 건물과 건물 사이에는 마당이란 너른 공간이 있어 거리를 만든다. 한옥의 건물 단위인 채와 채가 붙어 있더라도 봉당이라는 공간이 생긴다. 한옥은 느슨한 집합체이다. 이는 독립성을 강조하는 성격이 은연중에 반영되어서이다.

1/ **가구식기단** 경주 불국사 대웅전. 지대석을 놓고 그 위에 간격을 두어 기둥석을 세운다. 기둥 사이는 얇은 면석(청판석)으로 막고 위에는 갑석을 얹어 완성한다. 기둥석을 모두 갖춘 가구식기단으로는 불국사 대웅전과 극락전이 있다.

2/ **혼합식기단** 강진 무위사 극락보전. 자연석을 일정한 높이로 쌓고 장대석을 놓아 혼합한 기단이다.

3/ **가구식기단** 영주 부석사 무량수전. 한옥에서 나무를 짜서 집을 올리듯이 화강석을 구성하여 쌓은 기단을 가구식기단이라 한다.

無量壽殿

1/

2/

3/

● 한옥은 실내도 세 공간으로 나뉜다. 방과 대청 그리고 대청에 이어 만든 처마 밑의 마루로 구분된다. 여기에서도 서양 건축과 달리 방과 방, 마루와 방, 바깥과 실내의 공간구획이 확연하게 구분되지 않는다. 강물이 흘러가듯이 자연스럽게 이어진다. 밖으로 문을 여닫는 소리가 들리고, 방안의 사람 그림자도 비친다. 이같은 불편한 점이 있어 지금 짓는 한옥들은 이중벽을 하고 방의 문도 방음에 신경을 써 소리가 밖으로 전해지지 않도록 한다. 현대인들의 개인 공간에 대한 요구를 반영하였다. 문화나 유행은 변한다. 변해가는 사람들의 의식에 따라 건축기법과 구조도 변한다. 유행의 일부가 문화가 되고 새로운 관습이 문화를 형성한다. 문화는 사람이 살아가는 총체적인 모습을 담은 그릇이다. 전체를 상징하는 틀과 생각을 현상적으로 표현한 것이 문화다.

뜰 한쪽에 조금 높게 하여 꽃을 심기 위해 계단모양으로 꾸며 놓은 터를 화계花階라 한다. 경복궁 서쪽에 있는 경회루의 큰 연못에서 파낸 흙으로 왕비의 생활공간인 교태전 뒤뜰에 인공동산인 아미산을 세우고 화계를 만들었다. 화계에 궁궐 후원 장식 조형물로 굴뚝을 세웠는데 훌륭한 작품으로 평가받는다. 우리의 전통조경에서 앞마당은 주로 비워두거나 작은 화단을 만들지만, 집의 후원에서는 화초를 기른다. 나무도 아주 큰 나무는 심지 않았다. 돌을 쌓은 틈새에는 영산홍이나 회양목, 주목, 사철나무 등을 심고 화단에는 금낭화, 돌단풍, 기린초, 옥잠화, 산수국 등을 심는다. 우리의 전통조경에서는 음양의 조화를 따져 가운데 마당에는 큰 나무를 심지 않고 대신 꽃을 가꾸어 음의 기운을 가지게 했다.

1/ 봉당 정읍 김동수가옥. 주거住居에서 온돌이나 마루의 시설이 없이 맨흙바닥으로 된 내부공간을 가리키지만, 대청 앞이나 방 앞 기단부분을 봉당封堂이라 부르기도 한다.

2/ 월대 경복궁 근정전. 조선의 대표적인 궁으로 정전이기도 하다. 비운이 많았던 곳으로 정전 역할을 하지 못하고 창덕궁과 창경궁에 정전의 역할을 넘겨주어야 했지만 근엄함은 그대로다.

3/ 봉당 고성 왕곡마을. 추운 지방의 겹집에서는 대청 앞쪽에 봉당이 있고 부엌이나 외양간을 구성하는 평면형식으로 쓰임새를 다양하게 갖추기 위한 필요에 따라 만들어졌다

● 집 주위에는 울창한 소나무와 대나무가 좋다고 한다. 집 앞이나 마을에 주로 심던 나무들이다. 나무를 심을 때 방향을 따지기도 하지만 일정한 원칙이 존재하는 것은 아니다. 동쪽은 복숭아, 버드나무 서쪽은 뽕나무, 대추나무, 치자나무, 남쪽은 느릅나무, 벚나무, 살구나무를 북쪽으로는 대나무를 심는 것이 좋다고 하였다. 특히 출세를 꿈꾸었던 조선에서는 사내들을 위하여 회화나무를 심으면 삼정승이 난다고 믿었다. 사랑마당에는 배롱나무와 목단 등을 심었다. 지금도 전통마을을 방문하면 큰 마당에 아주 키가 작은 채송화가 잘 어울리는 것을 볼 수 있다. 채송화가 반짝반짝 별처럼 피었다가 질 때면 분꽃이 피어난다. 양반집에서만 심을 수 있었다는 능소화, 일반 상민이 능소화를 심었다가 곤장을 맞기도 했다고 한다.

한옥에서는 후원과 앞마당의 아주 제한적인 곳에만 화초를 심었고 나머지는 비어 있는 공간이다. 마당이 한옥적인 요소를 만들어주는 몇 가지 중에서 중요한 역할을 한다. 마당 자체가 다른 장소와의 경계가 되기도 한다. 그만큼 안과 밖의 경계에 무심하다. 특히 사찰은 경계를 짓지 않고 마당이 안과 밖의 중립적인 구실을 하며 비어 있는 것으로 느슨한 경계를 대신하고 있다. 서양은 수도원이나 교회도 안과 밖의 경계는 확연하다. 더불어 아름답고 스스로 아름다운 한옥은 마당에 의해서 더 빛난다. 침묵이 웅변보다도 더 깊이를 더하고 더 강한 인상을 줄 때가 있듯이 한옥에서의 마당은 위대한 침묵이다.

1/ **화계** 창덕궁 대조전. 뒤뜰에 퇴물림 하면서 여러 단의 화계花階를 만들었다. 화계花階는 뜰 한쪽에 조금 높게 하여 꽃을 심기 위해 꾸며 놓은 터를 말한다.

2/ **댓돌과 디딤돌** 강릉 해운정. 댓돌은 집터를 돋우기 위하여 쌓아올린 돌을 말하고 디딤돌은 마당이나 봉당에서 마루나 방으로 들기 위해 올라가기 쉽도록 놓은 돌을 말한다.

3/ 산청 남사마을. 출세를 꿈꾸었던 조선에서 사내들을 위하여 삼정승이 난다고 믿고 심었던 회화나무다. 회화나무 두 그루가 악수를 하듯, 끌어안는 듯한 자세를 취하고 있다.

4/ **화계** 경복궁 교태전. 경복궁 서쪽에 있는 경회루의 큰 연못에서 파낸 흙으로 인공동산인 아미산을 만들었다. 문얼굴 사이로 뒤뜰에 굴뚝과 화계가 보인다.

1/

2/

3/

4/

霽月堂

5

한옥의 아름다움

5/ 1

높이만큼 아름다운 공간

누마루, 담, 다락·고미다락·머리벽장

한옥에서 가장 아름다운 공간은 누마루이다.
사랑채에 붙여 높게 지은 누마루는 한옥의 아름다움이 발현되는 절정의 장소이다.
밖으로 돌출되어 전체를 관망할 수도 있고, 높은 곳에 있어 산과 내
그리고 마을을 한눈에 아우를 수 있는 자연과 만남의 장소이다.

왼쪽/ **와편담장** 남양주 묘적사. 암키와와 수키와를 섞어 사용하면 다양한 문양을 넣을 수 있어 살림집과 사찰 등에 많이 쓰였다.
오른쪽/ **누마루** 보성 강골마을 열화당. 누마루는 가장 멀리 관망할 수 있는 곳으로 중심적인 장소에 자리 잡는다.
문화의 산실이자 면학의 장소이기도 했으며 풍류가 있는 곳이 누마루다.

한옥에서 가장 아름다운 공간은 사랑채의 누마루다. 열린 공간이면서 천상의 마음으로 세상을 바라보는 장소이다. 한옥에서 가장 정성을 들이고 격상된 권위를 보여주려는 의도가 담겨 있는 곳이 사랑채이고 그중에서도 누마루다. 누마루는 한옥에서 가장 권위와 위엄을 보여주는 장소다. 가장 높게 설계되었고, 넓은 마당의 중심을 차지하고 있다. 물리적으로는 마당의 중심은 아니지만, 전체를 관망하고 권위가 느껴지는 위치와 높이로 중심적인 역할을 한다. 집 전체로 보아서는 안채와 행랑채의 중간 지점에 위치한다. 남자주인의 철학을 읽을 수 있는 대표적인 곳이다. 높고 크게 만든 사람이라면 권위적인 사람의 작품이다. 낮고 수수하게 지었다면 주인의 마음도 겸손함을 지닌 소박한 사람임을 보여준다. 집뿐만이 아니라 한 사람의 철학이 옷과 음식 같은 곳에 묻어난다. 자유로운 사람은 외장도 자유롭고 꼿꼿한 사람은 치장도 날카롭고 차갑다. 사람의 마음을 그대로 닮은 것이 집이고 옷이고 음식이다.

한옥에서 가장 개방적인 공간 또한 사랑채의 누마루다. 누마루는 다락처럼 높게 만든 마루이다. 양반집의 사랑채에 주로 설치했는데, 보통 기본 평면에서 튀어나오게 한 뒤 그 밑에 기둥을 세운다. 대청이나 방보다 바닥면을 더 높게 해서 권위를 높였다. 집 안의 남자 주인이 학문하거나 휴식을 취하고, 손님을 상대하던 장소로 이용했다. 찾아온 손님을 안에서 대접하는 장소였으며 학문의 중심지였다.

누마루는 풍류의 장소이다. 문학과 음악으로 자연의 결을 이해하는 사람들이 모이는 문화공간이다. 사람이 한결 가벼워지고 인생의 맛이 도드라지게 향기로워지는 남성의 공간이다. 멋을 알면 생이 반짝인다. 맛을 알면 생의 깊이가 보인다. 흐르는 물의 속성을 이해하면서도 인생을 위로해주는 술이 끼어들면 삶은 한바탕 잔치가 된다. 사람이 아름다워지는 장소가 한옥에서 사랑채이고 사랑채에서도 신명이 넘치는 장소가 누마루였다.

1/ **누마루** 논산 명재고택. 한옥에서 마루는 높다는 뜻이 있고 누는 2층으로 높게 만들어진 건물이라는 뜻이다. 높은 두 단의 기단 위 누마루는 습기를 피하고 통풍이 원활해 여름에 유용한 공간이다.

2/ **누마루** 안동 군자마을 탁청정. 남성공간으로 자연과 만나는 장소이다. 누마루는 아래를 내려다볼 수 있는 공간에 지어져 여유와 한가함이 있다.

1

2/

1/

2/

3/

누마루의 절정은 여름이다. 여름은 개방성의 극대화를 만들어낸다. 한옥의 특징 중 개방성은 어느 나라의 집보다 뛰어나고 활달하다. 마루라는 단어에 '높다.'라는 의미가 포함되어 있듯 마루는 적어도 무릎높이보다는 높게 만들지만, 누마루는 가슴높이 이상의 높이로 만든다. 경관이 좋은 장소에 풍경을 끌어안을 수 있는 위치에 자리 잡는다. 멀리 있던 산이 다가오고 누마루에 앉는 순간 자연의 중심에 든다. 한옥의 아름다움은 자체의 아름다움도 중요한 요소지만 자연을 한옥의 한 부분으로 끌어들이는 특성에 있다. 산도 강도 옹기종기 모여 앉은 마을의 집들도 풍경이 된다.

한옥은 어디에서나 내가 우주의 중심이 되게 하지만 가장 자연과 합일되는 충만을 느끼는 장소는 단연 사랑채의 누마루이다. 사랑채가 들어서는 장소는 단연 풍광이 뛰어나고 돌출된 곳으로 외부를 지향하는 곳이다. 문화의 산실이며 학문의 중심이 된다. 진보하고자 하는 자만이 학문에 매달린다. 사회적인 명예나 부의 축적을 성공이라 하지만 진정한 성공은 자신이 살아 있음을 아름답게 만드는 일이다.

자신을 스스로 아름답게 만드는 일은 진정 큰일이다. 내가 살아 있으므로 누군가에게 기쁨이 되는 일이 진정한 성공이다. 그러기 위해서는 외부에서 받아들이는 지식과 권위로는 완성되지 않는다. 성공의 궁극은 나 자신을 스승으로 만드는 일이다. 스스로 스승이 되는 일만큼 위대한 일은 없다. 내가 타인의 스승이 아니라 내가 자신의 스승이 되는 일이 진정한 완성이다. 부족한 자신을 스승으로 삼을 수 있는 것은 아무나 되는 일은 아니다. 스스로 객관의 주관자가 되어야 하기 때문이다. 나를 객관으로 바라보는 마음이 먼저 우선해야 한다. 사랑채의 누마루에서는 그러한 일을 하기에 적당한 곳이다. 누마루는 정자 형식과 집으로서의 기능을 고루 갖춘 남성공간이다. 상징성이 크고 집에서 전체를 아우르는 곳이다. 산과 물과 마을이 한눈에 보이는 곳에 자리를 잡고 있다. 대갓집의 사랑채일수록 풍치와 중심의 원리에 충실하다. 바람이 드나들라고 풍혈이 있는 계자난간을 두른 누마루에 걸터앉으면 여름이 두렵지 않다. 인생도 두렵지 않다. 경계를 허무는 원리를 배우는 장소이기 때문이다.

1/ **생울** 용인 한국민속촌. 생울은 울타리에 나무를 심어 경계를 만드는 것으로 탱자나무나 사철나무, 측백나무처럼 잔가지가 많고 빨리 자라지 않는 나무로 만든다.

2/ **누마루** 성주 한개마을 한주종택. 누마루는 사대부가 머무를 때에는 면학의 장소이면서 출세를 위한 기회를 기다리는 곳이었고, 출세의 길에 들어서는 사교와 문화의 장소였다.

3/ **내외담** 경주 양동마을 서백당. 내외內外란 남자와 여자를 말하며 또는 그 차이를 말한다. 실제로 남성과 여성의 공간 사이의 내외담은 남자와 여자를 나누는 담이다.

사랑채의 누마루는 바람이 지나가며 바람을 닮으라 하고, 구름이 지나가며 구름을 닮으라 하고, 강물은 깊이깊이 침묵으로 흐르는데 나 자신도 따라서 닮아가고 흐르면서 제자리를 지킬 수 있는 장소이다. 사람을 가만히 바라보고 있으면 슬퍼진다. 사람 속으로 걸어 들어가면 눈물이 그렁그렁 고여 있는 것을 발견하게 된다. 슬픔을 배우지는 않았지만 사는 것이 힘이 들기 때문이다. 인생은 한바탕 축제라고 나는 우긴다. 그럼 축제가 왜 이리 슬프냐고 물어올 것이다. 나는 대답한다. 인생은 모두 초행길로 이루어져 있기 때문에 사는 일은 매우 어렵고 멀다. 사람의 눈가에 눈물샘이 있음은 쉽지 않은 길이 인생이란 것을 암묵적으로 말하고 있다.

사람을 바라보면 눈물이 난다
사람으로 살아보니 그랬다
_신광철의 「사람」 전문

살아 있음의 난감함, 이것을 느껴보지 않았다면 아직도 철들지 않았다. 죽을 때까지 철들지 않았으면 결국 한번 철이 드는 순간이 온다. 눈물이 쏙 빠지는 순간이 온다. 사람이란 이름을 가지고 살아본 인생은 난감했다. 눈물과 웃음이 함께 기다리고 있는 길이었다. 어린아이가 태어나 걷기 위해서는 보통 2만 번 정도 넘어져야 한다고 한다. 그만큼 생은 쉽지 않다. 사람으로 살아보라, 눈물이 나지 않는가. 벅차고 고된 인생길을 갈 때 무엇이 맞는다고 고집하지 말고 바람이 산을 만나면 넘어가고 물이 둑을 만나면 기다리다 넘치듯이 그렇게 사는 것이 다툼과 싸움이 없이 살아갈 방법인지도 모른다. 우리는 한옥의 누마루에 앉아 있으면 바람도 찾아와 막힘없이 살라 하고 멀리 펼쳐진 평야는 속 좁게 살지 말고 크게 살라 한다. 근간을 깊이 내린 의연함과 안정감을 가진 산은 묵직하게 한 생을 살라 한다. 많은 것을 깨닫고 가르침을 배울 수 있는 장소가 누마루이다. 이러한 위대한 철학을 배우고 못 배움은 자신의 일이다.

1/ **풍혈** 남원 몽심재. 계자난간의 난간청판에 연화두형 풍혈의 바람구멍은 바람이 통과할 때 풍속이 빨라져 시원한 바람을 제공한다.
2/ **돌담** 아산 외암마을. 자연석으로 쌓은 담이다. 막돌을 쌓아 올리면서 틈새에 사춤돌(잔돌)로 끼워 쌓은 담으로 돌각담이라고도 한다. 외암마을은 돌과 물의 조화를 이루는 마을로 외관상으로도 돌담이 먼저 눈에 띈다.
3/ **토담** 안동 하회마을. 목재로 만든 틀에 일정 높이의 흙을 채워 다지고 다시 채워 다지기를 반복하여 쌓아 올린 담장으로 표면은 진흙 앙금을 풀에 풀어서 맥질하여 마감한다.

1/

2/

3/

1/

2/

스승이 뛰어나다고 제자 모두가 큰 배움을 얻지는 못한다. 우리는 어려서부터 너무 많이 배우고 너무 다양한 지식을 알고 있어서 오히려 길을 잃었다. 한옥에서 다시 길을 찾아보는 계기가 되었으면 한다. 한옥이 가진 덕목이 다 좋을 리 없다. 조선시대에는 여성의 차별과 신분사회가 가진 아픈 역사가 있었다. 이제 한옥도 다시 태어나고 있다. 우리가 가진 그대로의 아름다움인 한옥을 보전하는 길과 새로이 진화하고 창조된 한옥을 만들어내는 것도 우리의 할 일이다.

지금은 대부분 사라졌지만 전통한옥에는 유교의 성리학이 탄생시킨 남녀를 가르는 담, 내외담이 있다. 내외內外란 남자와 여자를 말하며 또는 그 차이를 말한다. 내외를 가린다는 말은 남녀를 가른다는 말이다. 실제로 남성과 여성의 공간 사이에 있는 내외담은 남자와 여자를 나누는 담이다. 안채는 여성공간이고 사랑채는 남성공간이다. 안사람과 바깥사람이라는 말도 여기에서 유래되었다. 안사람은 내부 살림을 하는 사람이며 바깥사람은 외부의 공적인 일을 처리하는 사람이다. 낮에는 내외담을 중심으로 남자와 여자가 나누어서 생활했다. 내외담 안쪽에는 여성이 내외담 바깥쪽에는 남성이 생활했다. 밤이 되면 남자도 다시 안채로 든다. 한옥의 물리적인 중심은 사랑채지만 진정한 중심은 안채가 된다.

한옥의 담장은 시선 차단과 방음, 방화 등의 역할을 하며 개인 생활공간이나 공적인 공간의 영역표시이기도 하고 침입을 방지하기 위한 것이기도 하다. 담장의 종류는 다양하다. 기와 조각으로 만들면 와편담장, 돌로 쌓으면 돌담, 흙으로 쌓으면 토담, 돌과 흙을 섞어 만들면 토석담, 사괴석으로 쌓은 사고석담장, 화장벽돌로 각종 문양을 넣어 만든 꽃담이 있다. 널을 뛰며 담 너머 세상을 훔쳐보던 조선의 여인들이나 담 안쪽의 여인에게 마음이 뺏겨 돌을 가져다 놓고는 까치발로 서서 여인을 훔쳐보던 곳이 한옥의 담장이다. 담이 있어도 마음은 넘나든다. 담장 종류도 여럿이어서 싸리나무로 만든 싸리울, 갈대나 옥수숫대, 대나무 같은 것으로 일정한 모양을 내어 만든 바자울, 살아 있는 작은 나무를 심어 담 역할을 하는 생울이 있다. 생울은 가장 원시적인 담장이면서 경계에 대한 거부감이 적다.

1/ **토석담** 합천 묵와고가. 하단은 굵은 돌로 상단은 토담에 돌을 넣어 쌓은 토석담으로 처리했다.
하단을 굵은 돌로 하면 물에 흙이 젖지 않아 무너지지 않고, 마당의 물 빠짐이 좋아진다. 잘 다듬어진 모습이 의젓한 선비 같다.
2/ **토석담** 성주 한개마을. 어느 담이 이리도 아름다운 담이 있을까 싶다. 높이가 다르고 길을 따라 휘어진 토석담이 예술이다.

한옥에는 누마루보다 더 높은 공간이 있다. 다락이다. 수납공간이기도 하고 식구가 많거나 손님이 찾아왔을 때에는 취침장소가 되기도 했다. 아이들의 놀이공간이기도 하고 몰래 숨어들어 책을 읽기도 하던 곳이다. 이렇듯 한옥에서 수납공간으로 다락과 머리벽장 등이 있다. 대부분 부엌 위의 공간과 대청 위 지붕의 삼각형 부분을 이용한 공간이다. 정상적인 권위와 자리를 인정받은 곳은 사랑채의 누마루로 가장 높다.

누마루의 분합문을 열어젖히면 사방이 다른 영역이 아니라 사랑채를 위하여 존재하는 공용공간으로 자리를 잡는다. 산도 한옥의 한 부분이며 냇물도 한옥의 한 부분이다. 멀리 또는 가까이 있는 집과 마을들 그리고 들판이 한옥의 한 부분으로 다가온다. 한옥의 특징은 열려 있는 집이라는 점이다. 집이 가진 폐쇄성이 분명히 존재하지만, 지상의 많은 집 중 가장 개방적인 집 중 하나이다. 한옥은 분명히 인문학적인 면이나 미학적인 면에서 독특한 면을 가진 집이다. 한국인의 심성과 한국인의 기질을 닮은 집이다. 한옥은 한국인의 거울이다. 따라서 자신을 알고 싶으면 한옥을 배워보라.

1/ **와편담장** 안양 계원예술대학. 흙에 기와조각을 섞어 넣은 형식으로 기와를 온 장으로 쓰지 않고 반 정도 잘라 쓰기 때문에 붙여진 이름이다.
2/ **사고석담장** 덕수궁. 방형으로 사괴석을 벽돌처럼 쌓고 내민줄눈으로 윤곽을 뚜렷하게 만든 담이다. 사괴석은 한 사람이 지게에 4덩이를 질 수 있는 데서 유래한 이름으로 담을 쌓을 때 쓰이는 20~25cm 정도의 각석을 말한다.
3/ **꽃담** 창덕궁 낙선재. 화장벽돌을 이용해 각종 문양을 넣은 것으로 여성공간에 주로 설치하였다. 대개 어떤 주제를 반복해서 넣는데, 낙선재의 꽃담은 장수를 기원하는 귀갑무늬 문양이다.

1

2/

3/

5/2

풍경작용의 아름다움

차경借景, 중첩

차경借景이란 '풍경을 빌려 온다.'라는 뜻이다. 주체와 객체의
교환이 이루어지는 차경의 조건은 독자적으로 아름다우면서 전체적으로 어우러져
아름다울 때 가능하다. 독립적으로도 아름다운 한옥의 안채, 사랑채, 행랑채 등은
건너편 풍경이 들어와 더욱 아름다워진다.

–

왼쪽/ **문얼굴** 창덕궁 연경당. 문얼굴 사이로 철쭉꽃이 활짝 핀 뒤뜰이 보인다. 한옥에서는 어디에서나 문을 열면 새로운 풍경이 기다리고 있다.
오른쪽/ **와편굴뚝** 담양 소쇄원. 편액은 당당하고 문얼굴 사이로 보이는 밖의 와편굴뚝은 낮은 키로 서 있다.
독립적인 풍경이 다른 풍경과 만나 상생의 아름다움을 만들어내는 낼 수 있는 것은 자연성에 기반을 둔 건축물이기 때문이다.

霽月堂

● 한옥에는 차경借景이 있다. 차경은 풍경을 빌려 온다는 뜻으로 멀리 바라보이는 자연의 풍경을 경관구성 재료의 일부로 이용하는 수법을 말한다. 내가 존재하고 있는 자리에서 풍경을 바라볼 때 풍경이 내가 있는 자리로 찾아온 듯한 느낌을 받는다. 창문을 통해 바라보면 창문 안에 창문이 있고 그 밖에 풍경이 꽉 채워져서 멋진 풍경을 만들어낸다. 문을 열고 바라보면 문얼굴 안으로 풍경이 찾아와 가득하다. 이러한 원리를 차경이라고 한다.

안방에서 사랑채를 바라보거나, 사랑채에서 마당을 바라보면 내가 속한 건물 너머로 다른 풍경이 들어온다. 내가 속한 건물이 독자적으로도 아름답지만, 건너편 풍경이 들어와 더욱 아름다워진다. 차경은 주체와 객체의 교환이 이루어지는 풍경을 말한다. 즉 내가 속한 건물 안으로 다른 풍경이 찾아오는데 그것이 더욱 빛을 발하는 것이다.

내가 풍경을 바라보는 주체가 되기도 하지만 거꾸로 다른 자리에 있는 사람에 의해서 내가 풍경이 되기도 하는 원리, 주체와 객체가 동시에 될 수 있는 쌍방향의 풍경이 차경이다. 차경의 원리는 중첩에서 찾을 수 있다. 독립된 여러 채가 모여서 이루어진 집이 한옥이다. 중첩은 여기에서 기인한다. 문 안에 문이 있고, 창안에 창이 있다. 한옥에서는 풍경이 중첩된다. 가까운 쪽의 문 안에 다른 풍경이 담기는 원리가 차경의 원리이다.

1/ **평대문** 창덕궁 연경당 수인문. 평대문인 중문을 통해 바라본 연경당 안채 모습이다. 한옥의 풍경은 언제나 새로운 시각을 갖게 한다. 바라보는 시선에 따라 색다른 구도의 풍경이 된다.
2/ **중문** 강릉 허난설헌생가터. 대문 안에 중문이 보이고 중문 안에 여닫이 독창이 보이는 중첩이 이루어지고 있다.
3/ **솟을대문** 안동 하회마을 충효당. 한옥은 독립된 여러 채가 모여서 이루어진 집이다. 중첩은 여기에서 기인한다. 문 안에 문이 있다.

1/

2/

3/

1/

2/

● 한옥의 큰 아름다움은 내가 선 자리가 곧 세상의 중심이 되게 하는 중심원리가 적극적으로 도입된 집이다. 차경이란 말도 여기에서 기인한다. 내가 존재하고 있는 자리에서 바라본 다른 풍경이 더 빛나 보이는 원리이다. 대청이나 누마루에 앉아 있으면 내가 속해 있는 자리의 한옥을 중심으로 보이는 산과 들, 강, 우리 생활에서 일어나는 일상의 관계된 풍경이 더욱 빛나고 아름다워진다. 내가 시선의 중심이면서 풍경이 내 안으로 들어온다는 의미로 차경이다. 한옥은 누가 어느 자리에 서든 자신이 세상의 중심이 된 착각을 하게 한다. 사실 착각이 아니라 현실적으로 그렇게 느껴진다. 사람은 세상으로부터 독립을 주장하지만, 자연의 일부이면서 자연을 바라보는 주관의 정체성을 가진 존재이다. 이러한 자연과 사람, 사람과 사람 사이의 원리에서 자신이 중심이 되는 철학으로 무르익은 집이 한옥이다. 주관이 중심이 되지만 차경에 의해서 동시에 객체가 될 수 있음을 가르쳐 준다. 내가 지금 바라보고 있는 풍경처럼 나 자신도 차경이 되기 때문이다.

한옥이 있는 전통마을을 찾아다니면서 느낀 점은 한옥은 어느 것도 강하게 주장하지 않는다는 특별함이었다. 보이고 보인 대로 흘러가고, 흘러가는 대로 다시 보이는 순환의 원리가 평화롭게 이동하는 집이었다. 대청에 앉거나 마루에 걸터앉아 있으면 마음이 평온해졌다. 마당에 풀도 없고 꽃도 없지만, 한옥 한 채 한 채가 그대로 아름다웠고 건너다보이는 또 다른 풍경과 겹쳐도 아름다웠다.

한옥에서의 공간은 소통의 장소이며 독립을 더욱 빛나게 하는 요소이다. 건물과 건물을 이어주는 통로이면서 하나 하나의 건물을 더욱 아름답게 한다. 다시 말하면, 마당과 봉당 그리고 마루는 한옥에서 빈 곳이지만 결코 빈 공간으로만 머무르는 것이 아니라, 서로를 연결하고 소통하고 작용하게 하며 독립적으로 빛나게 하는 역할을 한다. 한옥에서의 차경은 여기에서 출발한다. 차경이 있게 하는 주된 공간이 마당과 봉당 그리고 마루다. 주관이 객관이 되고, 객관이 다시 주관되게 하는 장소가 마당을 비롯한 비어 있는 공간이다.

1/ **월문** 창덕궁 낙선재. 만월모양을 한 월문으로 문얼굴에 담긴 풍경이 살아 있는 실체라서 오감으로 교류할 수 있다.

2/ **문얼굴** 창덕궁 연경당. 속이 깊은 건물이다. 방 뒤에 방이 있고 문을 열고 들어가면 또 문이 있다. 분명한 의도 아래 치밀하고 섬세하게 소통의 길을 내었다.

마당도 내 땅이라는 의식보다는 공동체의 공간이라고 생각했다. 그래서 한옥은 느슨한 아름다움을 가졌지만 차경으로 인해 꽉 채워지는 아름다움을 만들어냈다. 차경의 철학은 내가 중심이 되지만 상대방 측면에서 보면 상대방이 주체가 되고 내가 차경이 되는 원리를 담았다. 나와 네가 다르지 않은 존재임을 일깨워준다. 내가 세상의 중심이 되는 순간 나도 누군가에 차경으로 남고, 누군가가 중심이 되는 순간 나는 누군가의 차경에 든다. 공간을 건너뛰는 순간 아름다워지는 풍경이 차경이다. 기와지붕으로 위로 보이는 풍경이나 행랑채를 건너다보이는 사랑채의 누마루도 곱다. 마당에서 제자리에 서서 한 바퀴 돌면 하나하나의 풍경이 꽃처럼 피어난다.

장독대에 통통한 몸매를 한 항아리가 맏며느리 마음 같고, 기와를 쌓아 만든 굴뚝으로 뭉게뭉게 연기가 피어오르는 너머에 하늘이 푸르다. 솟을대문만큼 샛문이나 협문이 아름다운 날이 있다. 새로 지은 한옥도 아름답지만, 세월이 차곡차곡 쌓여 세월의 무게에 기울어가는 한옥이 더 아름다운 날이 있다. 저마다의 풍경을 가지고 있는 채와 채별로 서로 보완적인 아름다움을 가진 한옥은 부분과 전체가 어우러지는 상생의 건축물이다. 주고받는 상생의 아름다움으로 빛나는 집이다. 창문을 통하거나 열어놓은 문을 통하여 보이는 풍경이 더욱 빛나는 독특한 미학을 끌어안은 건물이 한옥이다. 한옥은 하나의 큰 건물에 모든 부분이 들어가 있는 빌딩 개념의 건축물이 아니라 서로 분리된 독립된 건물들이 모여 한옥을 이룬다. 솟을대문이 있는 행랑채에서부터 사랑채, 안채 그리고 부속건물들이 각각의 아름다움으로 존재한다. 한옥에서 마음을 내려놓고 걸어보라. 한 발자국 한 발자국 옮길 때마다 풍경이 변한다. 시각의 변화와 중심이 변하면서 독립된 건물의 풍경과 뒤에 잡히는 풍경이 동시에 변한다.

1/ **문얼굴** 구미 채미정. 한옥의 큰 장점 중의 하나인 풍경작용으로 주위 풍경이 문얼굴로 들어와 함께 어우러지며 멋진 풍경이 된다.
2/ **문얼굴** 논산 명재고택. 창에 담긴 풍경이 크고 작은 액자의 틀 안에 담긴 한 폭의 그림으로 다가온다. 주변을 담고 소통하고 안아 주면서 예술적 안목의 진수를 보여 준다.

1/

2/

창덕궁 태극정. 태극정 기둥 사이로 바라본 청의정이다. 풍경 안에 풍경이 겹쳐서 더 아름다워지는 것이 한옥에서의 풍경이다.

노을은 창문 안으로 지고, 해는 대청 앞에서 떠오른다. 바람은 돌담을 넘어와서 불고, 들꽃은 돌담을 넘어가서 핀다. 풍경과 풍경이 어우러지고 만나고 헤어지는 장소가 집안에서 가감 없이 이루어진다. 서양건축물에서 해가 뜨는 장면을 보려면 건물 안에서 동쪽으로 사람이 이동해야 가능하지만 한옥에서는 그렇지 않다. 동쪽 문을 열면 동쪽이 보인다. 사방이 열려 있다. 심지어 여름에는 무문의 경지에 도달하는 집이 한옥이다. 분합문을 접어서 상부에 걸면 사방이 뚫린다. 기둥과 지붕만 남은 집이 된다. 세상과 이처럼 소통을 완벽하게 하는 집이 어디 있을까. 이러한 소통의 집이 된 것은 경사지에 집을 지을 때 경사를 그대로 이용해 입구에서부터 안으로 들며 지대가 높아지는 배산임수의 풍수원리를 도입해서이다. 이 원리에 의한 집터에 집을 지어 시야가 트인다. 그리고 마당이 열어주는 공간에 의하여 시야가 열려서이다.

집터도 실용에 바탕을 둔 사각형을 고집하지 않는다. 터가 주는 대로 받아들여 사각형도 원형도 아닌 모두가 다른 모양을 하고 있다. 밭 터에 집을 지으면 밭의 휘어진 모양을 닮고, 산자락을 골라서 집을 지으면 산자락이 생긴대로 집터의 모양이 된다. 자연스러운 집터에 직선만을 들일 수 없어 직선 같은 곡선으로 이루어진 집을 짓는다.

한민족은 평화로운 민족이다. 자연에 기대어 살기를 좋아하는 민족이다. 여러 종교와 사상이 서로 다투지 않고 사는 나라이다. 인도와 유럽, 이스라엘과 중동, 미국과 브라질 같은 나라들도 종교 때문에 싸우고 전쟁까지 불사했다. 우리나라에는 종교로 말미암은 분쟁이 없는 나라이다. 술자리에서 언쟁이나 작은 다툼은 있어도 그것 때문에 사람을 죽이거나 사회적인 분쟁으로 발전하지 않는다. 불교와 도교, 유교 그리고 지금은 기독교와 이슬람까지 가세해서 종교박람회 같은 나라이지만 화합을 만들어가고 있다. 세계적으로 유례가 드문 일이다.

전통한옥에는 당시에 있었던 사상과 종교가 부분적으로 들어와 분쟁이 아닌 상호보완적인 관계를 만들어내고 있다. 가장 직접적인 영향을 준 것은 유교였다. 유교 중에서도 성리학이 주된 한문과 사상적인 면을 담당하면서도 사당의 존재와 제사에서 볼 수 있듯 종교로서의 역할도 일부 수행했다. 그리고 불교적인 요소가 정신적인 면에서 한민족의 정신세계에 깊이 투영되었고 도교가 가진 자연주의와 현실회피도 생활에 깊이 반영되었다. 종교와 사상 면에서 깊은 영향을 끼친 것들과 토착적인 토속신앙이 만나 복잡한 세계를 만들어 놓았다. 한국인이 종교를 받아들이고 이해하는데 있어서 흡수력이 큰 것이 이러한 면에서 기인했는지도 모른다. 근대에 들어서 기독교가 들어와 더욱 복잡한 양상을 띠지만 중요한 것은 마찰이 어느 나라보다도 적다는 점이다.

한옥에 깃든 여러 사상과 종교가 만나서 화합하고 서로에게 더 빛나는 자리를 내어주는 것이 한옥이다. 한옥의 장점은 나를 중심에 놓는 위대한 건축물이면서도 또 다른 나, 즉 타인에 대한 배려가 있는 건축물이다. 세계적으로 뛰어난 건축공법이 있고 건축물이 있지만, 한옥이 가진 특별한 의미와 아름다움이 있다. 우리만의 아름다움이며 세계 속에 내놓아 당당할 수 있는 것이 한옥이다.

1/ **문얼굴** 안동 심원정사. 한옥에서 차경은 마당이 있어 더욱 빛난다. 공간을 건너다보이는 풍경이 한국화의 여백 같다. 자연과 동등한 입장에서 마음을 주고받고 감성을 교류한다.

2/ **문얼굴** 담양 명옥헌원림. 한옥의 창에 담기는 풍경은 바람 소리도 들리고 배롱나무의 꽃향기도 나는 오감작용의 대상이다.

3/ **문얼굴** 논산 명재고택. 창을 통해 주변을 하나의 풍경화처럼 만들어 내는 풍경작용은 주변과 어울려 소통하면서 하나가 되어 작동한다.

4/ **문얼굴** 창덕궁 부용정. 문 자신도 아름답지만, 문 안에 담긴 풍경은 문을 더 빛나게 해준다. 서로가 풍경이 될 수 있고, 하나의 풍경이 다른 풍경을 끌어안으면서 더욱더 아름다워지는 것이 한옥의 차경이다.

5/ **차경** 창덕궁 관람정. 주위의 경관과 정원을 조화롭게 배치함으로써 이미 존재하고 있는 좋은 경치를 자기 정원의 일부인 것처럼 빌려다 쓴다.

1/

2/

3/

4/

5/

5/3

천 년의 종이, 한지

창호지, 물발기창

천 년을 가는 종이가 한지다. 한지로 만든 창호지는 거친 바람은
막고 순한 바람만 통과시키고, 거친 빛을 막고 순한 빛만을 통과시킨다.
한지는 큰 소리는 막고 작은 소리만 통과시킨다.
천 년의 한지는 사람을 위해 부드럽게 사는 방법을 가르친다.

-

왼쪽/ 전주 천양제지. 종이에 염색해도 뽐내지 않고 부드럽다. 만나면 만날수록 정이 드는 사람처럼 볼수록 은근히 정이 드는 종이다.
오른쪽/ 안동 긍구당. 한옥체험을 할 수 있도록 운영하고 있는 긍구당은 풍경의 가운데에 자리 잡았다.
달빛 밝은 밤에 한지를 통하여 들어오는 빛이 매혹적인 곳이다.

햇살과 한지의 만남은 찰떡궁합이다. 한지는 빛과 바람을 통과시키면서 은은함을 선물한다. 막으면서 통하되 거칠지 않은 부드러움을 들이는 것이 한지이다. 한지의 통기성과 햇빛 투과성 때문에 창호지로 많이 사용한다. 정숙한 여인처럼 단정함과 소박함을 가진 종이가 한지이다. 한지는 햇빛, 물, 바람, 불, 시간이라는 자연이 만들어낸 자연의 색이다. 감추지 않고 드러내지도 않은 자연의 색에서 아늑함을 갖게 된다. 한지는 닥나무가 재료이다. 한지의 제작과정은 복잡하고 전문성이 요구된다. 닥나무 채취, 피닥 만들기, 백닥 만들기, 삶기, 헹굼과 일광표백, 티 고르기, 짓이기기, 한지 뜨기, 물빼기, 건조, 도침과정을 거친다. 닥나무를 베어, 찌고, 삶고, 말리고, 벗기고, 두들기고, 고르게 섞고, 뜨고, 말리고 마무리하는 데까지 백번이라는 과정을 거쳐야만 한지가 만들어진다고 하여 백지百紙라고도 한다. 그만큼 정성과 손길이 많이 가는 종이다. 서양 종이는 산성 종이다. 반면, 한지는 중성 종이다. 세월이 가도 크게 변하지 않는다. 오히려 결이 고와지고 질겨진다. 수명이 천 년 이상이 되도록 견뎌내는 내성이 있는 신비의 종이다.

「직지심체요절」은 금속활자 인쇄본 중 세계에서 가장 오래되었다. 불경을 적은 책 「무구정광대다라니경無垢淨光大陀羅尼經」은 목판인쇄물로 인간이 인쇄한 것 가운데 세계 최고最古이다. 동시에 세계에서 가장 오래된 닥종이이다. 1966년 10월 경주 불국사의 석탑을 보수하기 위해 해체했을 때 탑 내부에서 비단에 쌓인 종이 뭉치가 발견되었다. 종이가 한데 뭉쳐져 글의 내용은 알 수 없었다. 「무구정광대다라니경」이다. 무려 1200년이 넘어서도 존재한 닥나무로 만든 종이였다. 우리의 전통종이 만드는 기법으로 만든 닥종이였다. 「무구정광대다라니경」은 700년대 초에서 751년 사이로 추정하는데 그 근거로는 당나라 측천무후가 집권한 15년 동안에만 주로 통용되고 그 후에는 자취를 감춘 신 제자를 이 경문 속에서 발견하였고, 또 최소한 석가탑의 건립연대인 751년을 그 하한으로 보기 때문이다.

1/ 경주 최부자집. 한지는 질기고 빛투과력이 뛰어나 마당을 비춘 햇살이 반사되어 처마 밑과 방을 비추면 환하면서 편안한 빛으로 변한다.
2/ **횃대** 운현궁. 한지는 햇빛, 물, 바람, 불, 시간이라는 자연이 만들어낸 자연의 색으로 평안함을 준다.
3/ 성주 한개마을 북비고택. 창호지에 그려진 주인의 묵서와 묵화의 경지가 예사롭지 않다. 사람이 살고 있어 온기도 느껴지고 윤기가 난다.

1/

2/

3/

1/

2/

3/

또한, 호암미술관에서 소장하고 있는 「대방광불화엄경大方廣佛花嚴經」에는 "닥나무에 향수를 뿌려가며 길러 껍질을 벗겨 내고, 그 껍질을 맷돌로 갈아서 종이를 만든다."라는 기록이 있다. 권말에 있는 발跋에 의하면, 신라 경덕왕 13년, 754년에 이 경을 만들었는데, 이 작업에 지작인紙作人 1명, 경필사經筆師 11명, 경심장經心匠 2명, 화사畵師 4명이 참가하였고 이들을 지휘하고 또 경제經題를 쓴 육두품 직의 필사筆師 1명이 있었다고 기록되었다. 지작인紙作人이라 함은 종이를 만드는 사람을 말한다. 우리 조상은 삼국시대 때 닥을 종이의 원료로 해서 1,200년이 넘는 기간 동안 형체를 보존할 수 있는 종이를 만들었다. 한지는 천 년의 종이다. 우리 제지기술의 우수성을 확인할 수 있는 계기가 되었다.

우리 한옥의 창호를 아름답게 살려내는 것은 우리의 전통종이인 한지로, 창호에 발라서 창호지라고 한다. 반 불투명 재료로 햇빛과 절묘하게 어울린다. 창살 그림자를 통하여 문양의 입체감을 주기도 한다. 한지로 된 창호지는 동이 틀 적에는 부끄럼을 타 발그스름한 색시의 볼 같은 붉은빛을 띠고, 해가 중천에 떴을 때는 백토빛 어머니 젖가슴 같은 빛깔로 변하며 땅거미가 뉘엿뉘엿 기울어갈 때면 자줏빛을 발한다. 한지는 달빛과 햇빛이 만나는 사랑의 장소다. 만나지 못한 그리움의 빛깔이 문에 어린 한지의 빛깔이다. 달빛에 젖고, 별빛에 젖고, 햇빛에 젖어 그리움이 살포시 내려앉은 빛깔이다.

한옥에서 대청을 지나 방으로 들어와 문을 닫은 채 앉아 있으면 한지를 통하여 들어오는 빛이 햇빛의 숨결임을 알게 된다. 달빛이 들어오면 달빛의 호흡임을 알게 된다. 체온이 없는 종이임에도 습기 없는 뽀송뽀송한 감촉이 좋다. 불에 덴 느낌이 아닌 여과된 달빛과 햇빛에 덴 부드러운 감촉이 좋다.

한옥의 창호에는 불발기창이 있다. 두꺼운 한지로 도배한 분합문은 빛의 투과가 어려우므로 중앙에 사각, 팔각, 원형 등 다양한 문양의 울거미를 짜 넣고 창호지를 발라 빛이 잘 투과하도록 한 것이다. 이 부분을 불발기라 하는데 주로 대청에 있는 분합문에 많이 보인다. 불발기는 열리지 않는 모양만 있는 문으로 일조와 모양을 위하여 만든 창이다. 다른 부분에 비해 불발기 부분은 불을 밝힌 듯이 환하게 빛이 들어온다. 이름도 이러한 현상에서 빌려 온 것이다.

1/ **장지** 경복궁 교태전. 교태전은 왕비의 처소로 최고의 장소이다.
한지는 소박하면서도 고품격에 어울리는 미묘한 힘을 가지고 있다.
2/ **장지** 창덕궁 낙선재. 벽과 천정의 반자를 모두 한지로 발랐다. 단순함의 극치를 이룬다.
그럼에도, 안에 들어가 앉아 있으면 한지가 주는 편안함이 있어 아늑함과 넉넉함을 느낄 수 있다.
3/ 논산 명재고택. 창호지의 은은한 멋을 창호의 살대가 살려준다.
왼쪽부터 숫대살 미닫이, 중앙에 용자살 미서기와 만살 여닫이, 오른쪽에 숫대살 안고지기문이 둘러 있다.

● 창호에 한지로 된 창호지를 바르면 바람도 머물면서 들어오고 햇빛과 달빛도 서두르지 않고 살며시 젖어 들어온다. 한지의 잔잔하고 은은함은 햇빛과 달빛도 잠시 머물게 하는 데서 비롯된다. 바람도 숨을 쉬고 빛도 숨을 쉬는 종이 한지. 특히 달빛 밝은 밤에 한지를 통하여 들어오는 빛은 매혹적이다. 알몸으로 벗은 듯한 달빛은 꿈결 같다. 바람도 닫은 문의 창호지를 통하여 들어와 방 안에서 호사를 누린다.

산마을 너와집 빈방에 달빛 찾아와
곱게 벗은 알몸으로
문풍지에 살을 비비다
간지럽다며
슬며시 방으로 들고,

엄벙덩벙 꽃잎마다 입술을 맞춘 바람이
슬며시 달빛을 더듬으며
방으로 따라든다

합궁이다
살이 달다

_신광철의 「9월」 전문

달빛과 햇빛이 합궁하는 서정이 가장 아름다운 때가 우리나라의 9월이다. 산마을 너와집 빈방에서 달빛과 바람이 만나는 장면을 그린 시 한 편이다. 달빛과 바람이 처음 만난 장소가 문풍지이다. 한지의 감촉이 더없이 살갑다. 숨을 쉬는 종이, 한지는 아리아리한 그리움의 종이다. 마당을 비춘 햇빛이 반사되어 처마 밑과 방을 비추면 환하면서 편안한 빛으로 변한다. 눈이 부시지 않을 만큼의 밝기로 화사한 분위기를 만들어준다.

1/ 삼청각. 한옥 객실로 방바닥을 콩댐으로 했다. 아랫목에 병풍, 보료를 놓고 그 앞에는 촛대, 서안과 다듬잇돌을 놓았다. 벽에는 중앙에 반닫이를 놓고 좌·우측에 사층탁자를 배치하여 전통 요소와 한지가 잘 어울린다.
2/ 안동 심원정사. 장판은 한지에 콩댐하고, 천장은 종이반자로 하고, 창은 이중창으로 쌍창과 영창에 한지를 발랐다. 한지는 천 년의 종이답게 바람과 빛과 시간을 투과시키며 강한 것을 부드럽게 만든다.

1/
2/

1/ **장지** 창경궁. 문 안에 문이 있고 문을 떼어내면 더 큰 공간으로 열린다. 이러한 구조가 가능한 것은 한지가 가진 빛의 투과성 때문이다.

2/ 전주 지담. 지고지순紙古紙純 상품관에는 전통문양의 다양한 전통 갓과 한지등, 수납장, 과반, 지갑, 넥타이, 스카프, 옷 등을 전시·판매하는 공간이다.

우리나라 화선지의 80%가량을 생산하는 전주는 한지의 수도라고 할 수 있다. 우리나라는 한지에 대해 국가적인 관심이 있었다. 고려 인종 23년에 왕명으로 닥나무 심기를 권장하였고 명종 19년에는 이를 법제화하였을 정도로 관심이 많았다. 조선시대에는 세조 12년에 조지서를 설립하여 종이생산에 힘을 썼다고 기록되어 있다. 인쇄술의 발달과 향교, 서원, 서당 등의 설치로 서책들의 수요와 보급이 활발하게 되어 그 사용이 급증하였으나, 1882년에는 400여 년 존속한 초지서가 폐지되고 양지가 발달함에 따라 한지의 생산과정이 어렵고 비싸다는 이유로 점차 그 사용이 줄어들었다.

하지만, 한지가 가진 여러 장점은 이 시대에도 유효하다. 한지는 질기고, 수명이 오래간다는 것 외에도 보온성과 통풍성이 아주 우수하다. 한지의 우수성은 양지와 비교해 보면 금방 알 수 있다. 즉, 양지는 지료 pH 4.0 이하의 산성 종이로서 수명이 고작 50~100년 정도면 누렇게 황화현상을 일으키며 삭는다. 한지는 지료 pH 9.0 이상의 알칼리성 종이로서 세월이 가면 갈수록 결이 고와지고 수명이 천 년 이상이나 되는 특별함이 있다. 자연현상과 친화하는 성질이 있어서 바람이 잘 통하고 습기를 빨아들이고 내뿜는 성질이 있는 반면, 양지는 바람이 통하지 않으며 습기는 조금 빨아들이나 건조하면 약해져 찢어지고 만다.

한지는 자연의 숨결을 그대로 간직한 종이다. 물감을 들이면 색상이 튀지 않고 않고 부드럽다. 만나면 만날수록 정이 드는 사람처럼 볼수록 은근히 정이 드는 종이다. 한국인의 정서 중 하나인 은근과 끈기와 아주 잘 맞아떨어지는 종이다. 창호지는 창호의 살대에 붙인다. 살대가 아름다우면 문이 환해진다. 창호지의 은근한 멋을 창호의 살대가 살려준다. 아름다운 살대 위에 창호지를 바르면 한지의 은은함과 깊이감이 더욱더 잘 어울린다.

3/ 전주 지담. 조명 프레임에 다양한 문양을 새겨 넣은 한지를 입히고 빛으로 밝힌 한지조명등은 한지를 통해 퍼지는 은은하고 잔잔한 빛의 파장과 그 빛을 통해 선명하게 드러나는 문양의 아름다움이 다른 조명과는 비할 수 없는 멋과 기품을 발산한다.

4/ 전주 지담. 한지로 꾸며진 은은한 분위기의 상담실도 마련했다. 한지 밖으로 비친 빛은 삭막하고 도시화한 공간에 인간적인 따스함과 편안함을 제공해 준다.

5/ 전주 천양제지. 한지는 여러 장을 겹쳐서 붙이면 내구성이 강하고 바람도 통하지 않게 한다. 서양 종이는 산성지로서 수명이 고작 50~100년 정도면 황화현상을 일으키며 삭는다. 한지는 알칼리성지로서 세월이 가면 갈수록 결이 고와지고 수명이 천 년 이상이나 되는 특별함이 있다.

5/4

바람과 풍경이 드나드는 창

창호의 종류와 아름다움

창호는 한옥의 얼굴이다. 빛이 방 안으로 들어오면
직사광선은 순하여져 은은한 빛이 된다. 문으로 들고나는 것이
사람과 그 마음이니 닫혀 있을 땐 열고 싶고 열려 있을 땐 닫고 싶은 욕망이 있다.
열고 닫힘의 두 얼굴을 가진 문은 세상과 소통하는 유일한 통로이다.

왼쪽/ **꽃살문** 부안 내소사 대웅보전. 꽃살문은 사찰에서 종교적인 충만함을 상징한다. 하나하나 조각하여 사방으로 짜 맞춘 솜씨가 놀랍다.
오른쪽/ **세살분합문** 한국의 집. 띠살이라고도 하는 세살은 울거미를 짜고 그 안에 가는 살을 가로세로로 좁게 댄 문이다.
가운데 칸의 문은 세살에 청판을 붙이고 외벽에 설치하는 여닫이 분합으로 결합하여 세살청판분합문이라 한다.

巡簷共索梅花笑

● 내소사에 가면 대웅보전의 꽃살문이 있다. 우리나라에 현존하는 꽃살문 가운데 가장 오래되고 가장 아름다운 꽃살문이다. 고우면서 백제의 소박함을 잘 간직하고 있고 다양한 모양의 꽃을 하나하나 조각하여 사방으로 짜 맞춘 솜씨가 놀랍다. 게다가 못 하나 쓰지 않고 그 하나하나를 모두 짜 맞추었다. 전에는 고운 빛깔과 모양을 가졌을 텐데 색은 바래고 모양은 닳았음에도 여전히 아름답다. 색이 떨어져 간 자리에 바람이 지나가고 햇빛이 지나가서 이제는 나무속에 숨겨져 있던 나뭇결이 드러나 오히려 자연스럽다. 연꽃, 국화 등으로 만든 8짝의 꽃살문이다. 나무가 가진 꽃의 마음만 남기고 나머지는 파내어서 완성한 문이다.

창호를 만드는 일은 소목장의 일로 내소사의 꽃살문을 만든 사람은 소목장이었을 것이다. 소목장은 건물의 창호라든가 장롱·궤·경대·책상·문갑 등 목가구를 제작하는 목수다. 소목장은 나무의 무늬를 최대한 살려 자연환경과 주택구조 등을 고려하여 한국적인 독특한 조형양식을 만들어 낸다. 소목장의 손끝으로 나무의 살에 숨어 있는 나이테와 결을 끄집어내면 하찮은 나무도 예술품으로 변신한다. 한옥은 벽면을 돌이나 전돌로 쌓지 않고 창호로 처리하는 경우가 많아 한옥에서 소목장이 차지하는 일의 비중은 크다. 대목이 건축의 구조부분을 담당하고 소목은 수장과 장식 부분을 맡아서 하기 때문에 집의 세밀한 아름다움은 소목장의 손에서 만들어진다. 나무로 한국적 전통미가 가득한 가구를 만드는 데 중요한 역할을 하는 사람이 소목장이다.

창호는 한옥의 얼굴이다. 문으로 들고나는 것이 사람과 그 마음이니 닫혀 있을 땐 열고 싶고 열려 있을 땐 닫고 싶은 욕망이 있다. 열고 닫힘의 두 얼굴이 존재하는 문은 세상과 소통하는 유일한 통로이다. 얇은 살대를 울거미 속에 짜 넣은 문을 살창이라 한다. 대체로 분합문에는 속칭 띠살이라고도 하는 세살과 만살을 쓰고, 장지문에는 아자살, 완자살, 숫대살 등을 쓰며, 영창은 용자살을 쓰고, 광창은 빗살을 주로 쓴다. 그리고 흑창은 빛이 들어오지 못하도록 창호지를 여러 겹 바르거나 벽지를 바르기 때문에 도듬문이라 한다. 이외에도 창의적인 창호도 많다.

1/ **세살문** 안동 군자마을 탁청정. 들어걸개문 사이로 세살문의 전시장같이 영쌍창, 세살청판문, 눈꼽재기창으로 쓰였을 여닫이 독창이 조화롭다. 세살은 우리나라 창살 중에서 가장 널리 쓰이고 단순하면서도 질리지 않는다.

2/ **만살문** 영주 부석사 무량수전. 세살이 여성적인 살창이라면 만살은 남성적인 살창이라고 할 수 있다. 속칭 정자살이라고 하는 만살문은 궁궐이나 사찰에서 많이 보이는데 강한 힘이 느껴진다.

3/ **영창** 정읍 김동수가옥. 두 짝 미닫이로 방을 밝게 하려고 대체로 살이 적은 용用자살이나 전田자살을 사용한다.

濯清亭

1. **숫대살** 논산 명재고택. 수효를 셈하는 데에 쓰던 산가지를 놓은 모양으로 짠 문살을 숫대살이라 한다.
숫대살 미닫이 창호와 와편굴뚝이 초록에 싸여 있어 선경 같다.
2. **영쌍창** 상주 양진당. 두 개의 문을 양옆으로 열어젖힐 수 있는 쌍창의 고식으로 영쌍창은 가운데 문설주가 있다.
영쌍창 사이로 풍경이 분할되었다.
3. 북촌 청원산방. 청원산방은 심용식 소목장이 전통 창호를 제작하고 연구하며 쌓아 온 결과물을 담은 작은 박물관이다.
전통 창호의 견본주택 같이 창의적인 창호로 구성하여 방문객의 눈을 호사시킨다.

● 사찰에서는 종교적인 충만함을 상징하는 꽃살문을 만드는 예도 있는데 꽃살문은 연꽃형, 원형, 육각형, 나뭇잎형 등 다양하다. 우리의 주변에서 피고 지는 꽃들이며 바람이 팔랑거리는 나뭇잎과 이 땅의 풀과 나무가 재료가 되었고 표현대상도 마찬가지였다. 우리의 마음 안에 자리를 잡고 우리와 함께 이 땅에서 사는 것들이다. 가장 한국적인 것이 가장 세계적이라는 말이 있다. 이는 우리의 몸에 익고 우리의 자연을 닮은 사고나 표현방식을 기반으로 형성된 것이야말로 우리만의 독특한 문화요 자랑이다 라는 말이다. 어느 나라나 마찬가지로 사람들이 사는 자연환경과 아울러 그곳에 사는 사람들의 심성이 만나서 그들만의 생활방식을 만들어내고 사고체계를 가지는데 이것이 곧 문화이다. 한국인만이 가진 독특함과 별난 행동양식이 있다. 이를 부끄러워하거나 자랑할 일이 아니라 우리 몸과 마음에 익었으니 그것이 우리의 문화다. 다름은 자랑이 될 수 없고 부끄러운 일도 아니다. 자연스러운 현상이다. 서로 존중하는 마음은 다름을 이해해주는 것에서부터 출발한다.

전통마을에 가면 우리의 바람결과 물결을 체화하고 우리의 정신세계에 의하여 감화된 한옥이 있어서 마음이 차분히 가라앉고 편안해진다. 오래전부터 살아온 고향 같다. 동질감에 고향을 떠났다가 돌아온 사람처럼 반갑고 고맙다. 골목길 하며 논두렁 밭두렁이 정겹고 낮은 돌담과 토담 너머로 살림살이가 훤히 보이는 집이 있는 길을 걸으면 덩달아 마음이 따뜻해진다. 빙긋이 웃는 듯 어긋나 있으면서도 느긋한 부엌의 문짝 하며, 봉당에 세워놓았지만 이제는 사용하지 않는 맷돌과 절구도 보인다. 부엌에 뚫린 봉창과 세로살이 살갑고, 원시적인 벼락닫이창도 있고, 떡하니 막아섰으나 그 품세가 돌쇠 같은 판문도 있다. 봉창은 한옥에서 창문의 원형이다. 채광과 통풍을 위하여 벽을 뚫어서 구멍을 내고 창틀없이 살대를 대어 새나 동물이 들어오지 못하도록 한 창이다. 열고 닫을 수 없는 구조이다. '자다가 봉창 두드린다.'라는 말이 있다. 열고 닫을 수 없게 벽에다 붙박이로 만들어 놓은 창이니 두드린들 문이 열리겠는가. 본질을 모르고 엉뚱한 소리를 하는 사람에게 딱 어울리는 말이다. 살창은 창에 살대를 박았다고 해서 살창이고, 창을 나무막대기로 받쳐놓은 창을 벼락닫이창이라고 하는데 나무 작대기를 빼버리면 창이 하중에 의해 벼락처럼 닫힌다 해서 벼락닫이 창이다. 들어서 받친다고 해서 들창이라고도 한다. 이름이 상황에 따라 자연스럽게 만들어져서 쉽게 이해가 된다. 저마다 이름에 사연이 있고 용도에 따라 만들어진 창호에도 마음이 끌린다.

한개마을 진사댁을 방문했을 때다. 진사댁에는 작은 규모의 집이었는데도 사랑채가 두 채나 있다. 대문으로 들어가면 만나는 사랑채와 여자들만 드나들게 한 협문으로 들어가면 또 하나의 사랑채가 있다. 새로 지었기 때문에 붙여진 이름인 듯하다. 새사랑채의 방 한쪽 벽에 세 개의 문이 있었다. 용도가 궁금해 물었다. 서고와 이불장이었다. 수납공간을 벽에 만들었는데 세 개 중 하나는 알 수가 없었다. 방바닥에서 한 뼘 정도의 높이에 있는 용도가 더욱 궁금했다. 문을 열어보니 뜻밖에 바깥이었다. 눈꼽재기창이다. 문을 열거나 밖으로 나가지 않고도 바깥 상황을 살펴볼 수 있기도 하고 여름에는 눈꼽재기창을 열어놓으면 바람이 드나드는 통로가 되도록 한 깜찍한 창이었다. 귀엽고 반짝이는 발상이다.

창호는 창窓과 호戶를 합하여 말하는 것으로 한국건축의 창호가 엄격히 구분되지 않은 것은 두 기능을 동시에 지닌 예가 많기 때문이다. 우리 전통건축에서는 창窓은 빛과 바람이 드나드는 통로이고 호戶는 방과 방을 이어주는 통로로서의 문이다. 창은 지금의 기능과 특별하게 다른 것이 없지만, 문과 호는 둘 다 출입에 필요한 시설물이면서도 서로 구별이 된다. 이 둘을 설명한 책으로 중국의 육서정온六書精蘊이란 책에 이렇게 설명하고 있다.

> 호는 방(실室)의 출입에 필요한 시설물이고 문은 집(당堂)의 출입에 필요한 시설물이다. 또 안에 있는 것을 호라고 하고 밖에 있는 것을 문이라 한다.

외부와 연결된 문으로 대문이라고 부르는 것과 같은 기능을 하는 것이 '문'이고, 실내에 있는 문으로 방문이라고 부르는 것을 '호'라고 생각하면 된다. 창호는 '창窓+호戶' 가 결합하여 나온 말이다.

1/ **불발기창** 대전 송용억가옥. 두꺼운 한지로 도배한 분합문은 빛의 투과가 어려우므로 중앙에 사각, 팔각, 원형 등 다양한 문양의 울거미를 짜 넣고 창호지를 발라 빛이 잘 투과하도록 한 것이다. 이 부분을 불발기라 하는데 주로 대청에 있는 분합문에 많이 보인다.

2/ **눈꼽재기창** 성주 한개마을 진사댁. 문 세 개의 용도가 다 다르다. 이불장, 서고, 눈꼽재기창이다. 눈꼽재기창은 눈곱만큼 작다고 하여 붙여진 이름으로 문을 열거나 밖으로 나가지 않고도 바깥 상황을 살펴볼 수 있기도 하고 여름에는 눈꼽재기창을 열어놓으면 바람이 드나드는 통로가 되는 깜찍한 창이었다.

3/ **봉창** 영주 무섬마을 만죽재. '자다가 봉창 두드린다.'라고 하는 봉창이다. 날짐승이 들어오지 못하도록 살을 넣어 만든 붙박이창이다. 환기와 빛을 들이기 위하여 창고나 부엌에 많이 사용했다.

4/ **벼락닫이창** 용인 한국민속촌. 위쪽이 고정되어 있기 때문에 아래쪽을 밖으로 밀어 나무막대로 받쳐 고정하는 방식이다. 나무를 빼면 벼락같이 닫친다 하여 붙여진 이름이다.

1/

2/

3/

4/

살창의 종류

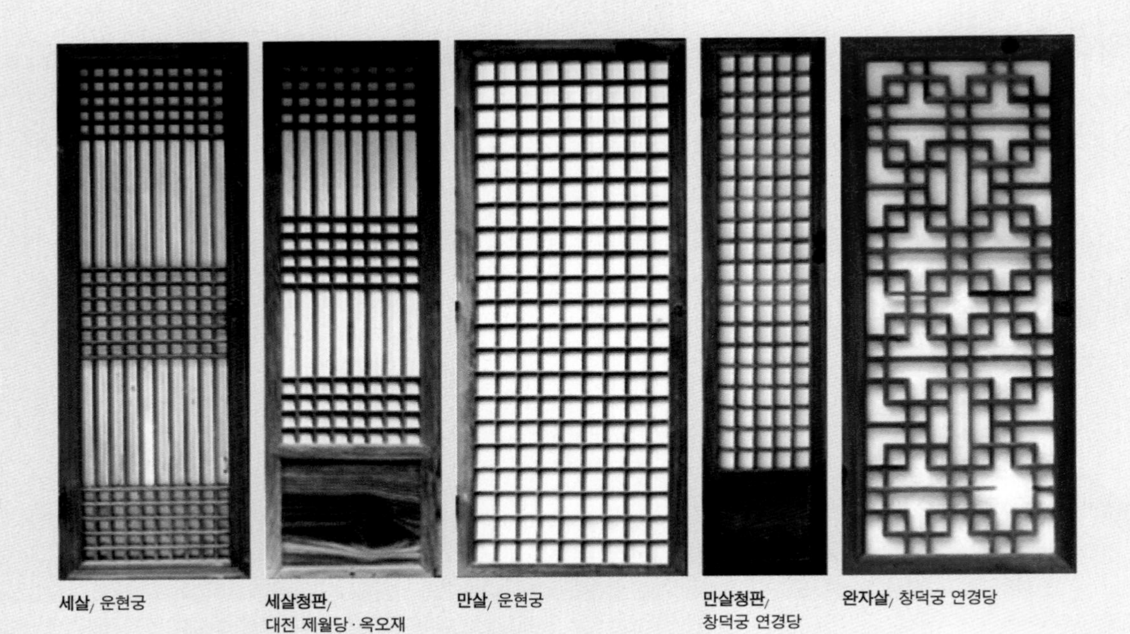

세살/ 운현궁

세살청판/ 대전 제월당·옥오재

만살/ 운현궁

만살청판/ 창덕궁 연경당

완자살/ 창덕궁 연경당

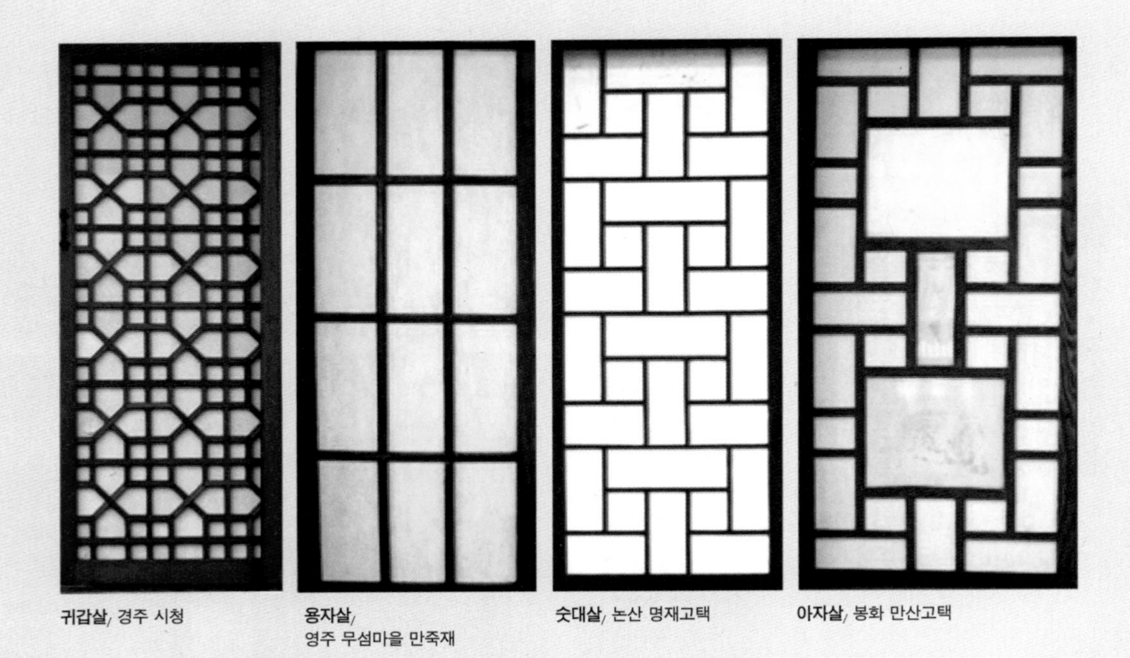

귀갑살/ 경주 시청

용자살/ 영주 무섬마을 만죽재

숫대살/ 논산 명재고택

아자살/ 봉화 만산고택

창호는 개폐방식에 따라 종류도 다양하지만 그 중 여닫이, 미닫이, 미서기가 있다. 앞뒤로 문을 밀어 열고 당겨서 닫는 문을 여닫이라 하고, 미닫이는 홈을 하나만 두고 양옆으로 밀어서 열 수 있는 문으로 문지방에 홈이 하나만 있어 두껍닫이라는 붙박이 안으로 밀어 넣는 문이다. 미서기는 문홈을 두 줄로 하여 문이 서로 엇갈려서 열 수 있는 문이다. 현대의 문들이 대부분 여기에 속한다. 그리고 붙박이는 말 그대로 고정되어 움직이지 않는 창이다. 출입을 위한 용도가 아닌 일조를 위한 목적이거나 일반 문을 보호하기 위한 용도이다.

한옥에서 가장 독창적이고 기발한 문은 들어걸개이다. 말 그대로 들어서 걸면 되는 문이다. 들어서 걸기 위해서는 우선 접을 수 있도록 만들어져 있으며 접은 후에는 들어서 상부에 박아놓은 걸쇠에 걸면 된다. 들어걸개는 대청 앞문이나 대청과 방 사이에 단다. 공간을 넓게 쓰기 위한 용도로 쓰이거나 문으로 막힌 공간을 제거하여 확 트인 공간을 만들기 위한 용도이다. 이와 비슷한 문으로 접이문이 있다. 우리판문을 접어서 벽으로 들어가도록 한 문이다. 한옥은 알면 알수록 신비한 매력을 가졌다. 단순하면서도 기발하고 독특하면서도 천연덕스럽다. 자랑까지는 아니더라도 한국인이라는 흐뭇함을 얹고 살아갈 수 있는 토대를 발견하는 길이 한옥에 있다. 넉넉하고 한가하면서도 과학적인 원리를 들여놓은 한옥, 내 몸 속에 흐르는 피에 들어 있는 유전인자의 기질이다. 한국, 한국인, 한민족임이 자랑스럽다.

참고문헌

김봉렬의 한국건축이야기, 김봉렬, 돌베게, 2006

마루랑 온돌이랑 신기한 한옥이야기, 햇살과 나무꾼, 해와나무, 2007

사진과 도면으로 보는 한옥짓기, 문기현, 한국문화재보호재단, 2004

손수 우리집 짓는 이야기, 정호경, 현암사, 1999

알기 쉬운 한국 건축 용어사전, 김왕직, 동녘, 2007

온돌 그 찬란한 구들문화, 김준봉·리신호 공저, 청홍, 2006

우리가 정말 알아야 할 우리한옥, 신영훈, 현암사, 2000

우리 한옥에 숨은 과학, 서지원, 미래아이, 2008

전통 한옥 짓기, 황용운, 발언, 2006

집宇집宙, 서윤영, 궁리, 2005

한국건축의 장, 주남철, 일지사, 1998

한국의 문과 창호, 주남철, 대원사, 2001

한국의 민가, 조성기, 한울, 2006

한옥 살림집을 짓다, 김도경, 현암사, 2004

한옥의 공간 문화, 한옥공간연구회, 교문사, 2004

한옥의 구성요소, 조전환, 주택문화사, 2008